世界の水道

——安全な飲料水を求めて

海賀信好　著

技報堂出版

Waterworks of the World
In Quest of Safe Drinking Water

This book summarizes waterworks in 63 major cities in 25 countries, all of which, despite different social systems, culture and climatic environment, are making efforts to maintain and improve the quality of safe tap water.
It will be a great pleasure to the author if this book serves as a reference for the renewal of waterwork systems for the 21st century, taking into account the environment we will bequeath to the next generation, symbiosis with other organism, and the landscape.
Needless to say, I hope we will be able to construct and maintain safe waterwork systems, in conjunction with stable and peaceful societies.

推薦の言葉

小島貞男

一ドルが三六〇円で、海外への持出し制限が五〇〇ドルの頃の話である。私は〝水賞〟を受けて、ヨーロッパの国々を視察するというご褒美をいただいた。天にも昇る思いだった。観たい所、確かめたいことがいっぱいあった。私が勤めている玉川浄水場では緩速ろ過池が汚濁のために機能を失ってしまったが、一〇〇年も前から汚れているテームズ川やライン川水源の水道では、なぜ緩速ろ過が正常に働いているのか。合成洗剤の発泡は起きてないか。貯水池の多い英国ではどんな藻類対策をやっているのか。マイクロストレーナーやろ過砂の削り取り機械はどんなものか・・・。

文献から得た断片的知識だけを頼りの一人旅であったが、多くの知識を得て真に〝眼から鱗が落ちる〟思いがした。もしあの時に、ここに紹介するような本があったら、事前に十分準備できて、どんなに心強く、また効率よく、かつ落ち度なく視察できたであろう、とうらやましくさえ思える。

その本というのは海賀信好博士の『世界の水道―安全な飲料水を求めて』で、氏が二五箇国六三都市の水道を丹念に調べあげた正確で緻密な記録である。今までも断片的な施設報告書はあったが、いずれも工学専門家が施設面から見聞した記録であった。本書は、水質の専門家が水質の立場から処理方式や施設機能までを詳しく調べたもので、類書は見られない。

それにしても二五箇国六三都市の水道を調べたとはまさに超人的で驚くばかりだが、氏の貪欲なほどの知識欲と強靱な体力気力の賜物だろう。

この調査記録の中でもう一つの異色は、彼が考案した浄水システムの機能判断方法である。たったフィルムケース一杯分の水があれば、浄水処理機能の判断ができるという方法である。氏は施設見学の折に、工程別に採水したサンプルをこの方法で分析し、浄水システムの診断をやっている。その結果は、まさに浄水場の処理機能や管理状態まで教えてくれるもので、誠に貴重なデータである。

以上のような内容の本書を、これから調査に出かけられる人の準備書としてだけでなく、水処理プロセスの機能診断が必要となる方々にも必需の本としてお薦めしたいと思う。

（株式会社 日水コン、元 中央研究所所長、現 技術顧問／農学博士）

はじめに

本書は、化学を専攻しオゾンの応用開発を目的に企業に入った者が、一人で世界各地の水道を調べ歩いた記録である。誰もが人権として得ることができる「水と空気、太陽」、その「水」について世界二五箇国をまわり、ここに主要都市六三箇所の状況をまとめた。これまで水道関連の本は多く出版されているが、幅広く世界各都市の浄水場を現場まで足を踏み入れて水道事情を一冊にまとめた本は海外にもない。

現地の訪問調査では、水道局、浄水場、市民への配布資料など何語であれ持ち帰り、後日、メモと記憶をもとに図書館から借りた辞書を片手に読みこなしてきた。政治が、文化が、気象が違い、現地でわかることが多く、資料整理は他人に任せられない仕事であった。

生活大国フランスの地方都市における水道、水を資本主義のために贅沢に消費することを禁じ医療と農業へ向けるべきと指導しているキューバの水道、複雑な社会で十分な水供給ができないメキシコの水道を比較して、水は誰のものか、水道はどうあるべきかと「社会と水道システムの重要性」を再認識させられた。

日本でも水道事業に大きな変化の波が押し寄せ、時あたかも、水道事業の第三者委託、民営化の動きが活発となり、化学物質汚染、水環境、水利権、技術者不足など多くの問題を抱えながら、海外の水道情報が広く要求されている。その参考資料として各都市の水道事業体が抱えている水質問題と対応策をまとめ、また、研究者として日本の水道水質をもとに新しい水質分析手法も提案させていただいた。

世界的に「二十一世紀は水の世紀になる」と騒がれているように、各水道事業体は、水源と環境の保全を行い、将来性のある独自の水道システムをしっかりと構築する時期にきている。水道事業も究極のところ「市民にとって一番良い水道システムを構築して運用すること」にあり、間違いなく五〇年後、一〇〇年後を考えたものに再構築していかなければならない。本書によって世界の水道がどのような状況であるのか、水道関係者をはじめ、一般の読者の方にも知っていただき、市民参加のもと将来の水道システムをつくりあげていただきたい。

なお、水道に関連した地名、浄水場名など固有名詞は、在日大使館のご協力のもと日本語ですべて表記した。海外水道視察の事前資料としても活用されたい。事前に情報を持っことにより、見学時の相手の対応が違ってくることは間違いない。

二〇〇二年二月

著　者

もくじ

（Ⅰ）明日の水道に向けて　1

（Ⅱ）ヨーロッパ　35

(Ⅲ) アメリカ　133

(Ⅳ) アジア、豪州　181

（I）明日の水道に向けて

フランス自慢のTGV，
車内にも危機対策．
列車転覆時に窓ガラ
スを割るハンマー

KIWAで開発された微生物膜
のモニター．給水配管内面
に成育する微生物調査

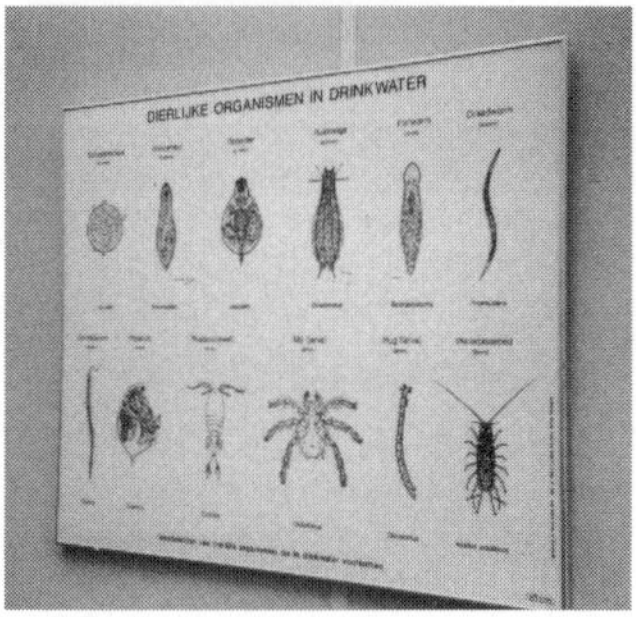

オランダの飲料水中に見出される小動物．
給水配管内での微生物学を展開

一　世界の水道水を高感度に簡易分析

〈ドイツにおける水源と処理工程〉

水道水の水質分析では、溶存する物質が少ないので、一般に大量の試料が必要となる。近年、高度浄水処理としてオゾン、活性炭、生物、膜などの処理が検討され、現場でのモデル実験が各地で行われてきた。処理に伴い溶存物質が除去されるが、その濃度は、水質汚濁指標であるＣＯＤ(chemical oxygen demand：化学的酸素要求量)、ＢＯＤ(biochemical oxygen demand：生物化学的酸素要求量)で評価されるレベル以下の物質が多く、日本で問題となった臭気物質ジオスミン、2-メチルイソボルネオールなどもガス質量分析装置を用いて一〇μg/Lの濃度レベルで分析されてきた。また、オランダ水道施設検査協会(ＫＩＷＡ)のヴァン・デル・コーイ博士(D. van der Kooij)の提案した同化有機炭素(ＡＯＣ：assimilable organic carbon)測定では、微生物の培養によって酢酸換算炭素濃度の一〇μg/Lを測定している。このように処理した安全な浄水についても、さらに低濃度の物質や特性を高感度で測定する方法が必要となってきている。

かつてオゾンと生物活性炭による高度浄水処理実験を行った際に、その効果を簡単に少量の試料で比較できる方法を調べた。上水試験方法に示されている過マンガン酸カリウム消費量、紫外吸収Ｅ２６０、核磁気共鳴ＮＭＲなどの分析も行い、検討の結果、表流水の酸化処理や吸着処理では、蛍光分析を利用すると便利なことがわかった。色度〇の水道水でも微量の溶存物質の測定ができることから、全国各地で給水されている水道水の分析調査を行い、蛍光発現物質は天然由来と下排水由来のフルボ酸に起因していること、浄水処理の工程で順次減少していくことを示し、一九九四年に環境システム計測制御自動化研究会の優秀論文賞の栄に浴することができた。

その後の海外出張には、小さなビンを数十個携帯し、各都市の駅、空港、市場、公園など、人の多い所で連続的に使用されている水飲み場やトイレから水道水を採水してきた。訪問した各地の浄水場の水面を覗いても、天気や周りの雰囲気によりその印象は異なる。特に写真は、現像してみると青空や建物が水面に映り、水の色は判断できないことを何度も経験している。この方法ならば、ナイヤガラの滝でも観光船の上からビニールの紐の先に小さなビンを付けて滝壷へ降ろし、簡単にしかも確実に採水できる。詳細は、水環境学会誌の第二二巻第一号（一九九九年）を参照されたい。

　水道水中の蛍光物質は安定で、試料の容量は一〇mLで十分である。光路長一〇mmの四面石英セルにより波長三四五mmの光で励起して波長四二五nmに生じる蛍光を測定し、硫酸キニーネ溶液を標準とした相対蛍光強度を求める。世界の水道水のデータを対数グラフで図に示す。全体的には、北欧において高く、降水量の多い熱帯地区で低くなる傾向がある。イギリス、デンマーク、アメリカの湖沼水を利用する水道は、フルボ酸含有量が多く、比較的高い蛍光強度を示す。フランス、ドイツなどオゾン処理、生物活性炭処理を行っている都市では、低い蛍光強度となっている。世界的には、相対蛍光強度五～一〇〇程度で、ベルリンの値が非常に高かった。水源、浄水処理工程、最終消毒方法などが各国で異なるので、直接には比較できないが、世界の水道水の全体を把握するこ

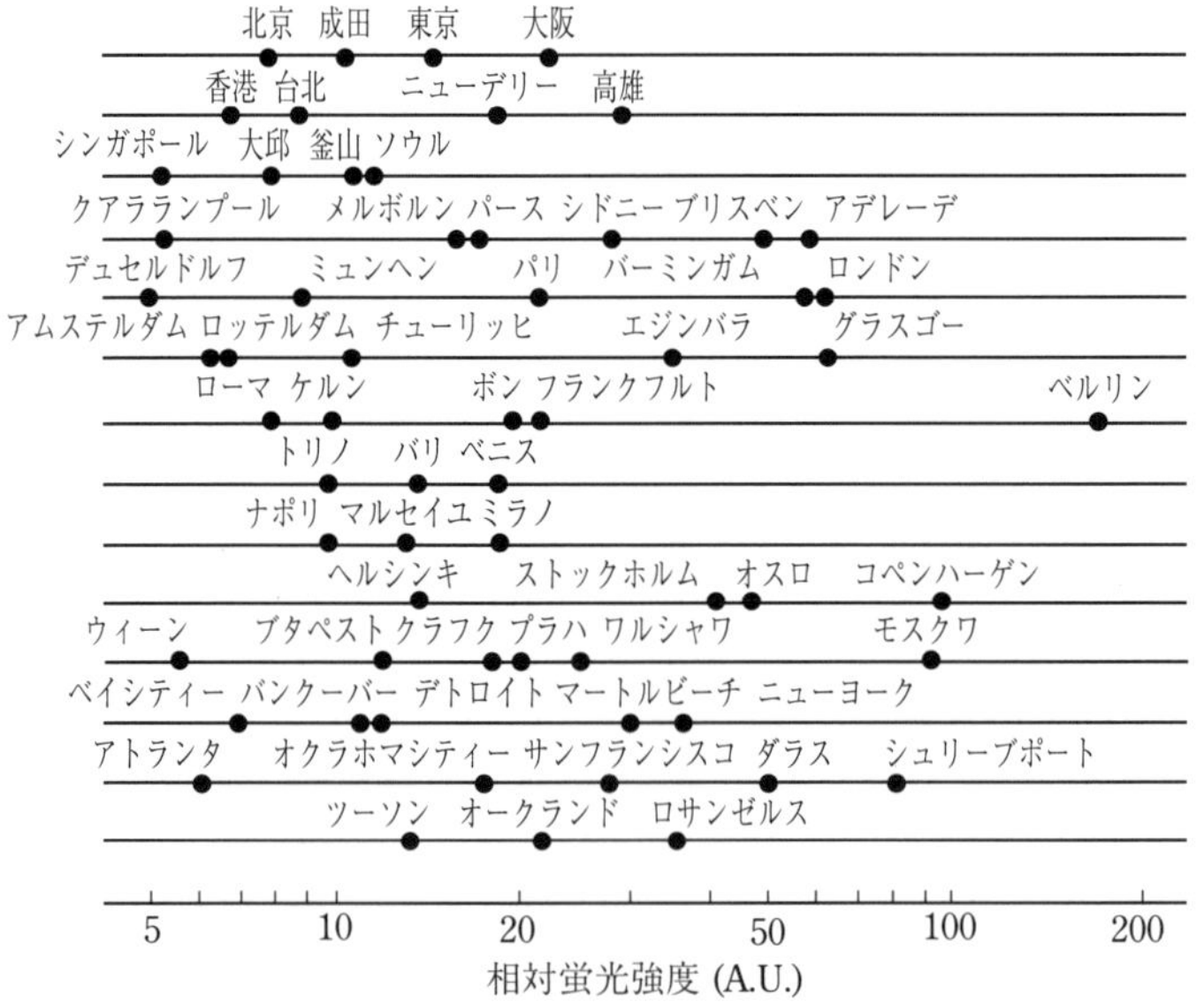

世界各都市における水道水の相対蛍光強度（1992.5～1998.5）

とはできる。

一〇mm石英セルを用いた紫外吸光光度法では、ランバート・ベールの式で透過光から透過率の逆数の対数を求めるため、読取り誤差が無視できず、トワイマン・ローシャンの誤差曲線から精度を高く測定する場合には、吸光度は〇・一五～〇・七の範囲が良いとされている。しかし、浄水の吸光度は、〇・〇二前後と測定にはあまり好ましくない範囲にあり、適当なセル長を考慮する必要がある。この点、蛍光分析は、溶存物質が吸収した励起光を長波長の光に変換した蛍光を求めるため、光は弱くとも高感度で測定ができる。

これらの内容を神戸にて開催された第五回水道技術国際シンポジウムにおいてポスターセッションで発表したところ、「高度浄水処理技術の動向と将来展望」の演題で講演されたドイツ水道技術センターのヴォルフガング・キューン所長が大変興味を示した。特に自国ドイツのデータ内容を水源と浄水工程とを比較することで納得していたようである。

二　水道水の蒸発残留物の簡単な測定

〈軟水から硬水まで、示差屈折率で分析する〉

近年、水道水質基準の改正に伴って対象物質が大幅に増加し、また、機器分析の精度向上により水の分析技術も新たな展開を示している。浄水場などの現場にもガスクロマトグラフィーに続く分析機器として、化学、薬学、医学関係の分野で広く利用されてきた高速液体クロマトグラフィーが導入されている。カラムで分離溶出する試料の特性を種々の検出器で測定し、クロマトグラムを描かせて分離結果を調べる方法である。検出部には、示差屈折率、紫外吸収、蛍光、導電率などが利用されている。

これまで日本各地の水道水、海外の主要都市の水道水を少量採水して蛍光分析を行い、残りを冷蔵庫に保管してきた。その試料を用いて水道水の代表的な水質分析項目の調査に挑戦した結果、蒸発残留物の濃度は、カラムを通さず検出部の示差屈折率計のみで簡単に調べられることが判明した。示差屈折率と上水試験法に従った加熱蒸発によって蒸発残留物を求めたところ、図のように高い正の相関を持つ検量線が得られた。これを基本に分析

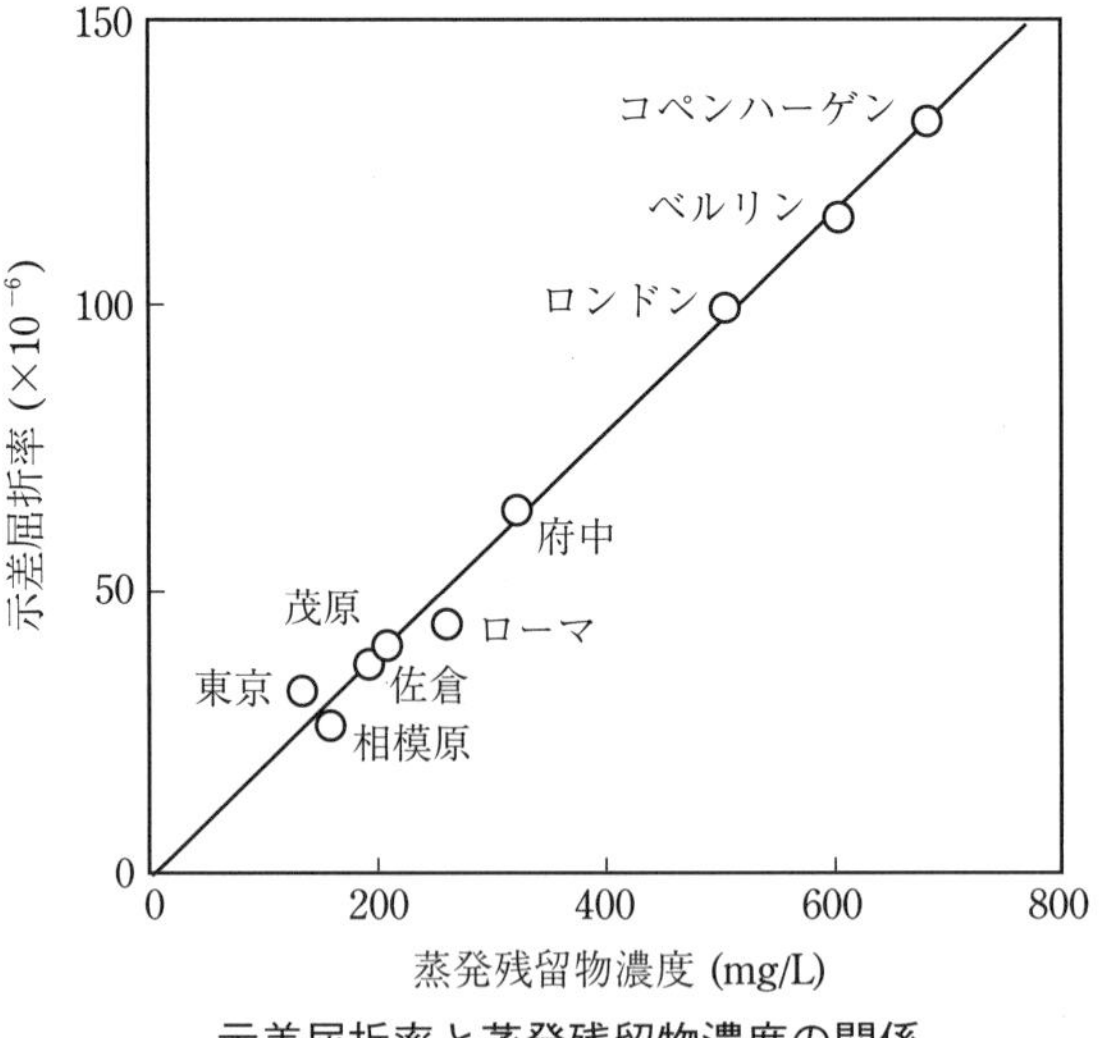

示差屈折率と蒸発残留物濃度の関係

を実施したところ、図のような世界の水道水の比較ができた。水道水中の蒸発残留物は、安定で、運搬中に試料の蒸発さえなければ変化せず、示差屈折率の感度は、現在一〇ngと高く、測定は一〇秒程度で終了し、試料容積〇・五mLで十分であった。

新しい配水システムを導入したロンドン、単一水源のボンでは、採水日、採水場所が違ってもほとんど変化なく、一定であった。パリ、ローマなどでは、場所により二倍もの差があり、水系の違いが表れている。そして、ニューデリーでは高く、降雨量の多いアジア地区では低く、日本各地の水道水も三〇〇mg／L以下である。おいしい水の条件では、三〇～二〇〇mg／Lと判定されており、日本のほとんどの都市がこの範囲に入っている。

雪解け水を水道原水としているサンフランシスコの蒸発残留物濃度は低く、長距離の導水路で原水を引いているロサンゼルスは高く、砂漠地帯へ水を引くツーソンは、世界保健機構（WHO）のガイドライン基準値一〇〇〇mg／Lを超えている。

ファックス、電子メール、インターネットなどにより多くの情報が短時間に入手できるようになってきているが、水道事情に関しては、足を踏み入れてその現地の状

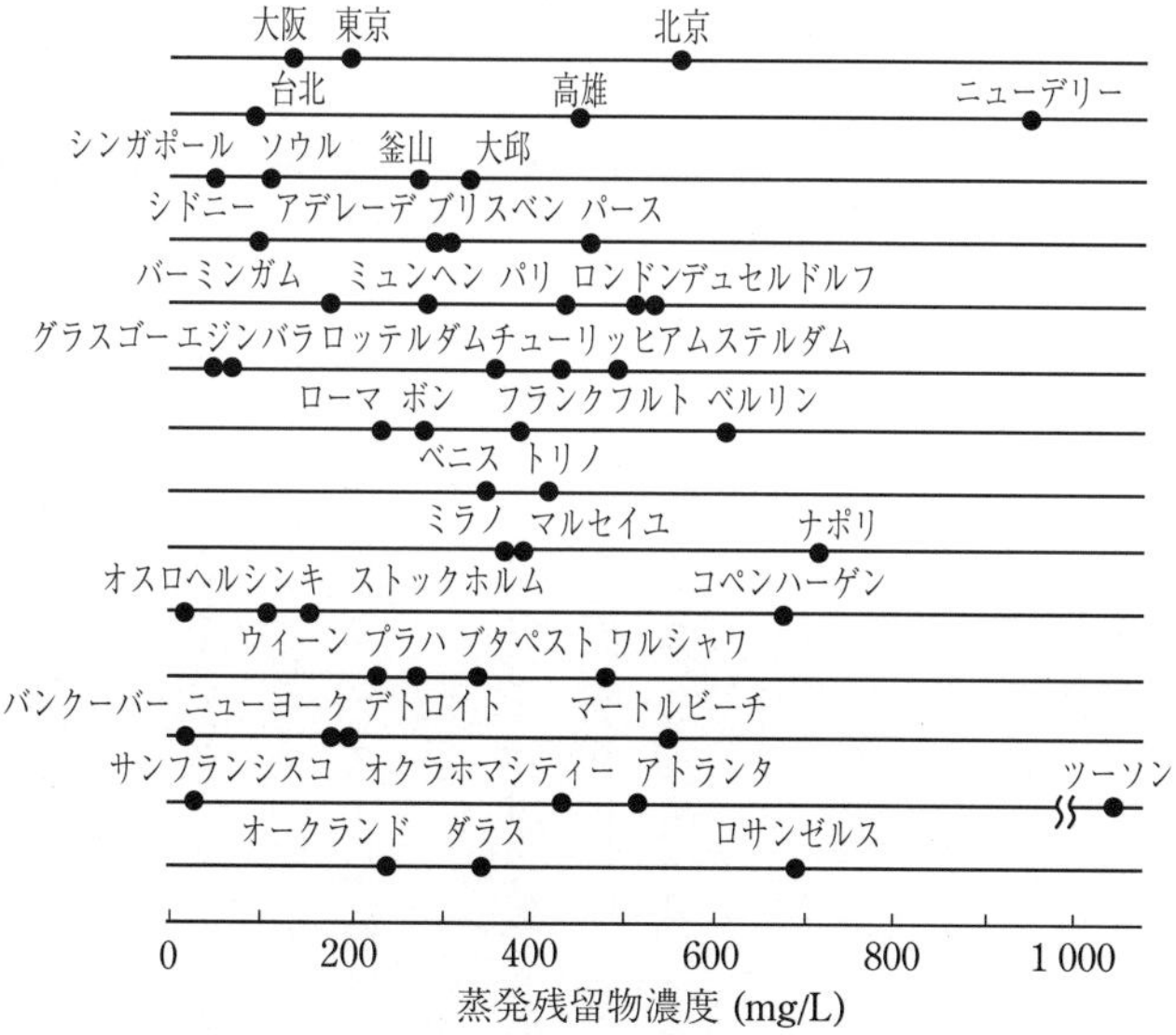

世界各都市における水道水の蒸発残留物濃度（1992.5～1998.5）

況を知ることが重要である。都市の裏役として活躍している浄水場を訪問することは、何か他人の家の台所を覗き見るようなもので、聞いたことと知ったこととは大きく異なることがある。水道水の硬度が高いためにホテルの風呂で石鹸の泡立ちが違ったり、塩分濃度が高く水の飲み心地が違ったりする。日本より乾燥しているヨーロッパで水道水をがぶがぶ飲むと、下痢することがある。細菌よりも硬度が原因との説がある。パリの水道も一〇年ほど前から水道水源を替えて硬度の低い水を利用するようになった。また、近年では膜処理の導入により硬度の低い水道水が一部供給されている。

これまで欧米の水道では、汚染物質除去と軟化を別々に行ってきたが、硬度の低減も可能な膜処理システムの開発により、消費エネルギーが多くなっても一段の水処理に置き換わるため、浄水場の一部に膜ろ過が導入され始めている。この膜処理の導入も基本的には、水道事業体の経営方針と水道水の利用状況により異なるため、世界各地の直接的な比較はできない。

水道水の採水は、人の多い場所で行うが、小さなビンでの採水は、アメリカでは麻薬常習者のような不審な目で見られる。また、ドイツの子供たちは何をしているのかと興味を示し、国民皆兵制であるスイスのおばさんたちにも注意したい。

定期的に試料を測定する場合は，本分析法で短時間の測定が可能となる。特に多数の試料分析には，都合が良い。詳細は、水環境学会誌の第二二巻第一号（一九九九年）を参照されたい。

三　日本の水道水の比較〈高度浄水処理導入による水質改善を見る〉

日本は、アジアモンスーン地帯に属し、降水量は多く、地域差もあるが、平均年間一七一〇mmである。水道水源として約七〇%が河川や湖沼の表流水を利用している。少量の水道水から微量の溶存物質の測定が可能となったため、全国各地で給水されている水道水の分析調査を行った。北海道から九州まで代表的な都市の水道水を人が多く連続的に使用している蛇口から採水し、分析した。相対蛍光強度で示すと、図のような結果となった。大都市近郊の浄水場に、オゾンや粒状活性炭などの処理が導入される以前であるため比較的大きな蛍光強度を示しており、蛍光発現物質が自然由来と下排水由来のフルボ酸に起因していることがわかった。

大阪市がオゾン処理と粒状活性炭処理の導入を給水系ごとに計画的に順次切り替えることを発表していたため、市内の三箇所の定点で採水し、新しく購入した小形蛍光分光光度計で測定した。平成一〇年三月に柴島浄水場に高度浄水処理が導入された後の塚本地区では蛍光強度〇・八、京橋地区では三・六、大正地区では二一・八であったが、平成一二年に全地区でオゾン処理と粒状活性炭処理による水道水が供給されると、その値は〇・七～一・三の範囲となった。臭味に関する評価だけでなく、蛍光分析による水質調査でも高感度にその効果が蛇口から評価することができた（「日本水道新聞」平成一三年六月四日）。

全国各地の蒸発残留物についての調査結果を図に示した。表流水利用の所では、季節により、また降水量により変化する項目でもある。全国の水道水を採水して分析してきたが、某市の試料水にはなんと凝集フロックが生成しており、分析は不可能であった。

最近は、公共の場から水飲み場が消えている。ジュース、コーヒーの自動販売機設置のため、無料で水が飲めなくなっている。残念なことである。アメリカの空港にも水飲み場があり、イタリアの駅には飲み水が流れ出ている。水の豊かな国、日本では、公衆トイレはあっても、水飲み場は滅多にない。もっと水道事業体が自信をもって市民の前に出られないものだろうか。公共の水、水道の宣伝の場である。新幹線などの駅で当市のおいしい水道水と宣伝してはどうだろうか。

　フランスでは、水道料金は、m^3当り一三フランで全国でほぼ同じである。日本では、水道料金は、日本経済新聞による全都市行政サービス調査(平成一一年四月)によると、四八m^3/月の水道使用量で一二一二円から五四一八円と四・五倍の格差があり、地域によって大きく異なる。水源確保のための投資、負債を抱えている所が多いためであろう。

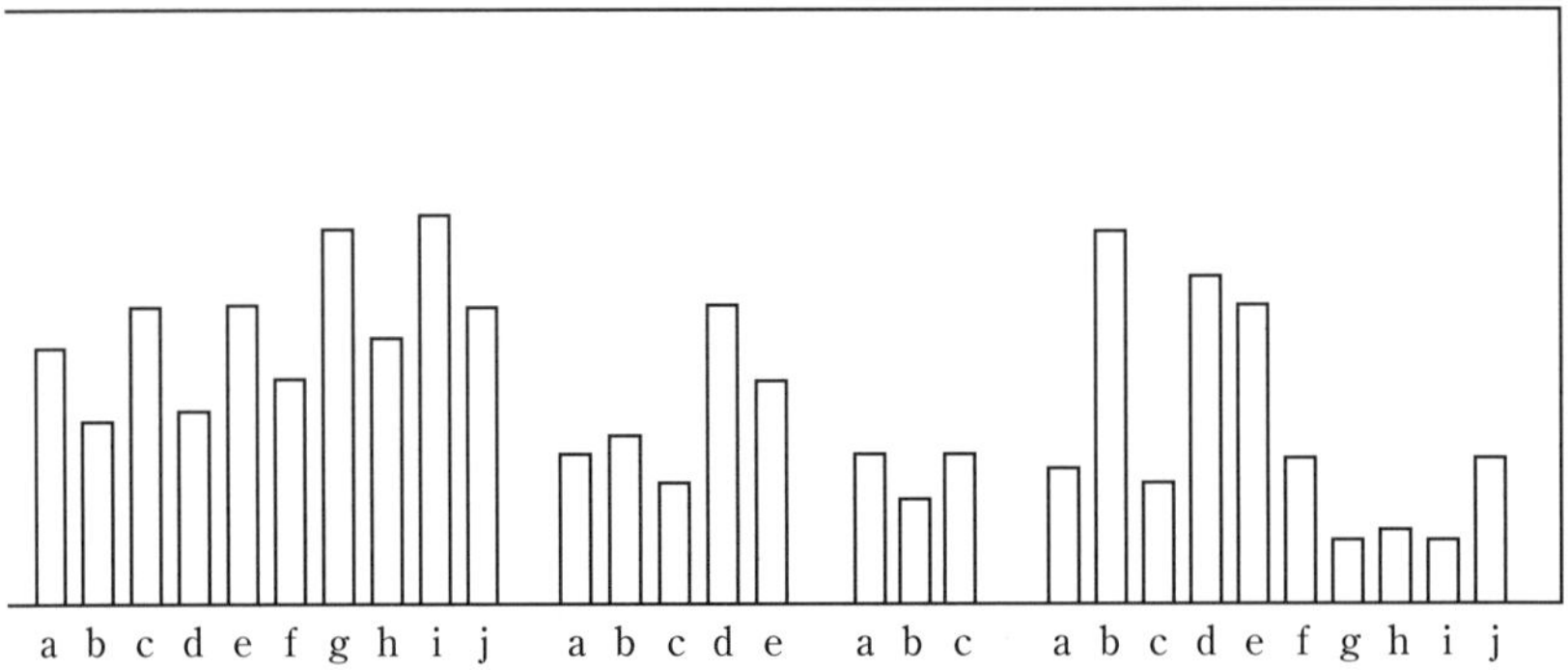

(1992.5 〜 1994.8)

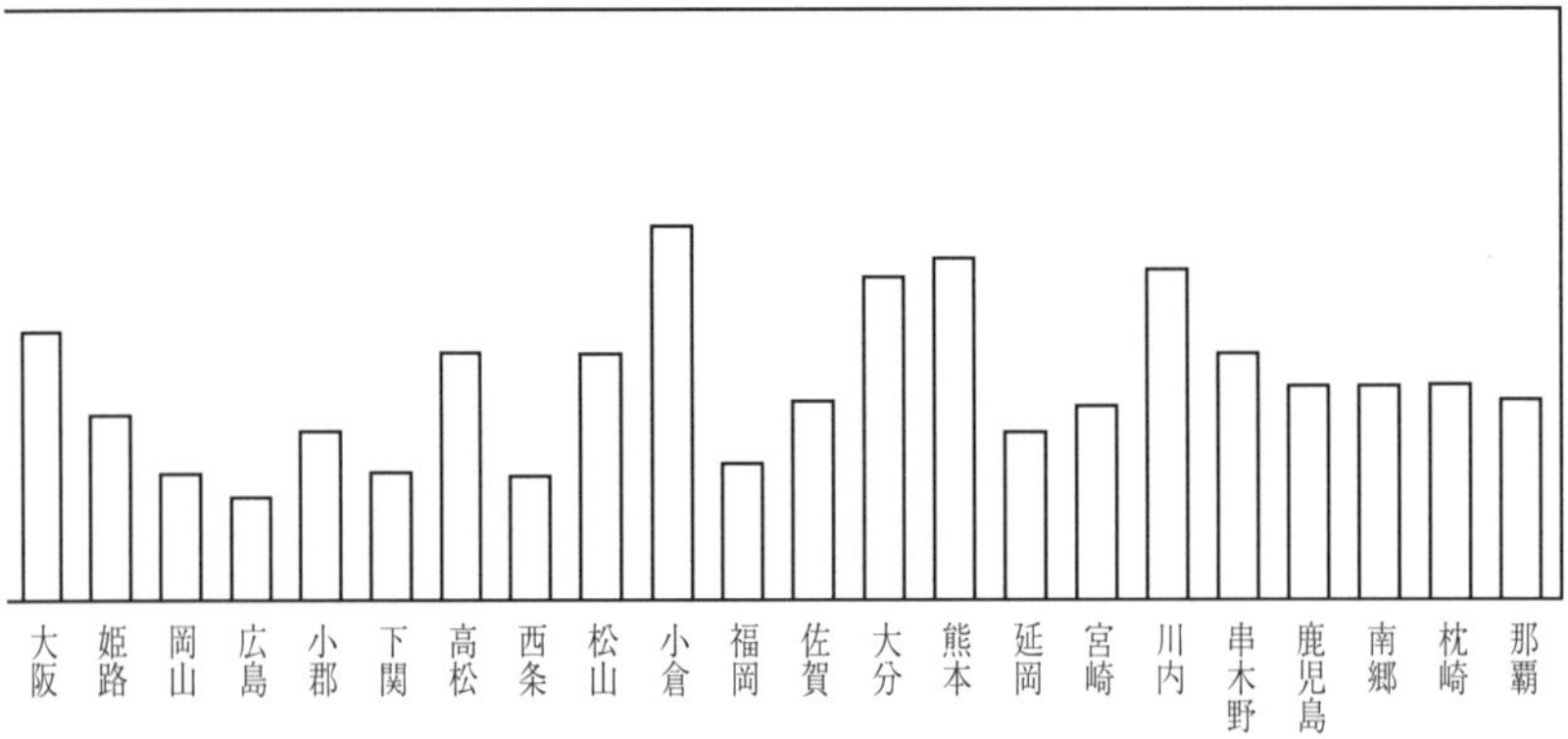

蒸発残留物濃度

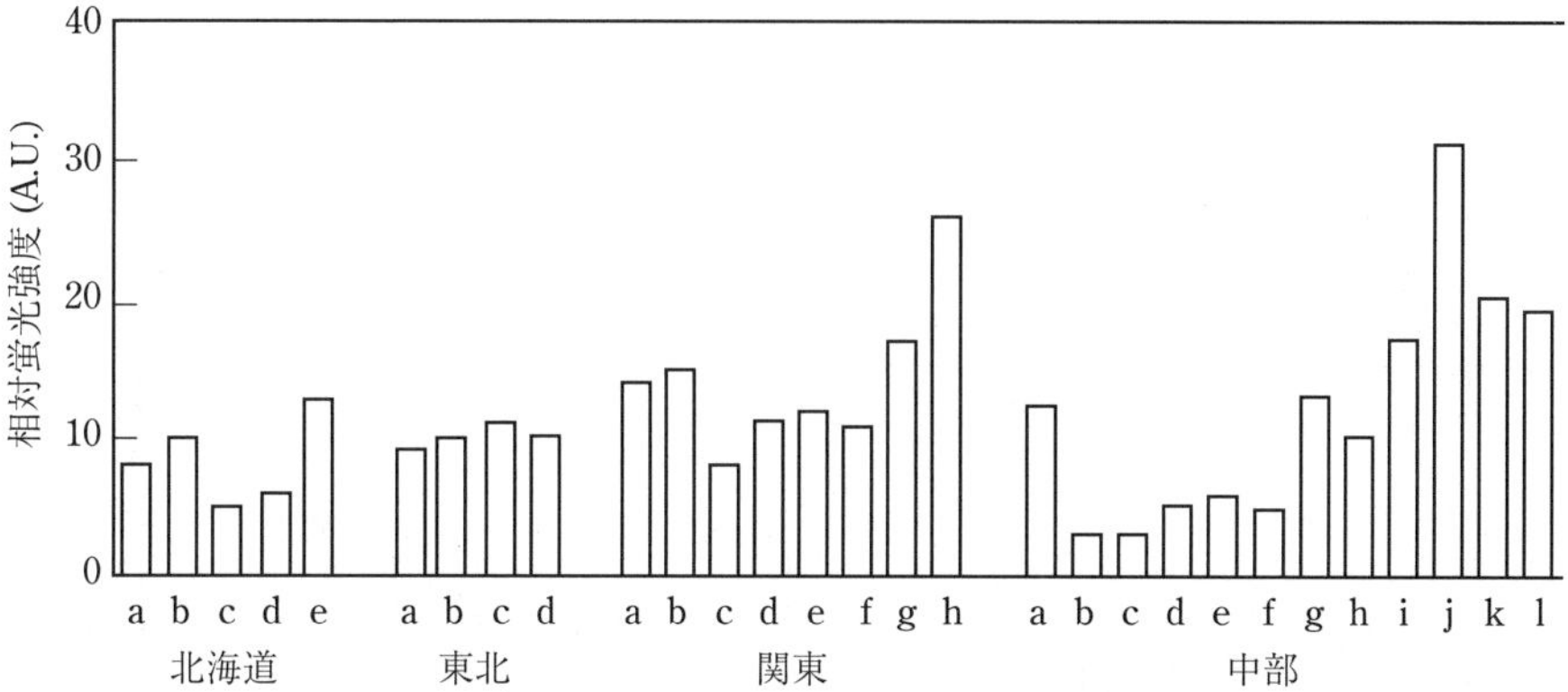

日本各地の水道水の蛍光強度

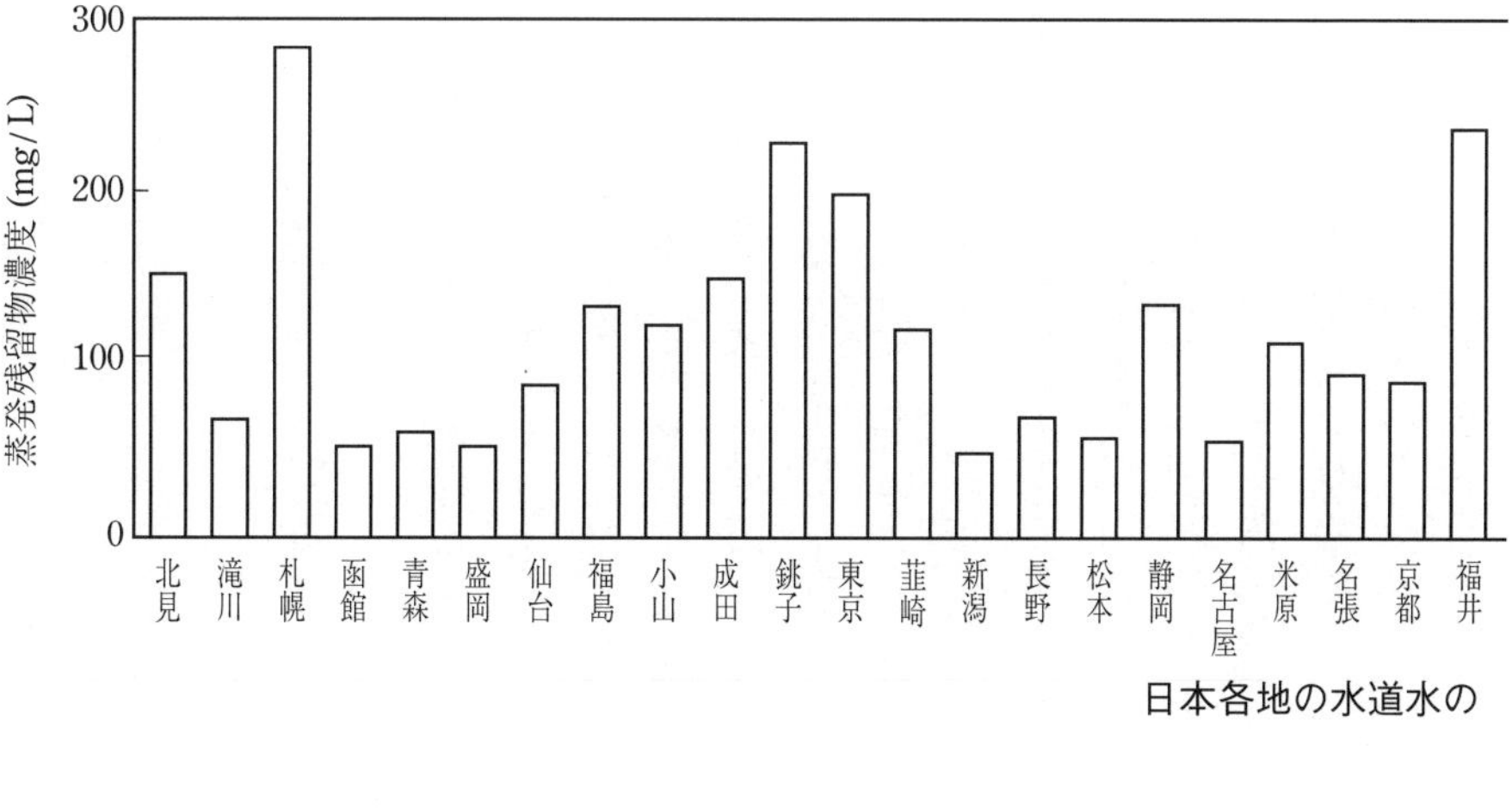

日本各地の水道水の

四　処理システムの再構築〈水を制して社会を維持する〉

紀元前からのローマ水道、江戸から四〇〇年の東京の水道、一〇〇年を超えた日本の近代水道と、水道は欠くことのできない社会インフラシステムとなっている。どこの都市においても自然の水循環システムのもとで上下水道を構築し、人工の水サイクルを構成して発達してきている。

日本は、水量の安定した河川の下流域で取水し、浄化し、ポンプで給水している。浄化も、都市の発達とそれに伴う水需要の増加に対応し、緩速ろ過から急速ろ過へ転換し、塩素の使用で微生物による浄化は必要なくなり、塩素、凝集沈澱、砂ろ過の浄化工程が一般的になった。下水道整備の遅れと、上水道のみが発達したため排水量は増加し、河川や湖沼の環境水の汚染が進行した。これに伴って水源である表流水水質の低下を招き、除去できない化学物質の存在が顕在化してきた。さらに、前塩素、中塩素、後塩素と利用してきた塩素が浄水工程で原水中の有機物と反応し、有害なトリハロメタンやハロ酢酸が生成することが発見され、処理システムの再検討が行われてきた。

大都市の浄水場では、ヨーロッパで開始されたオゾンの多段利用と活性炭との組合せによる高度浄水処理の検討が行われ、特に生物難分解性物質のオゾン酸化により生成する有機物がどのように除去されるかの研究が進められた。実験室における試験で、オゾン処理の後に設けられた粒状活性炭の表面には多くの微生物が生育し、水中の有機物を除去して活性炭の寿命を延ばすことが証明された。微生物の付いた活性炭は、生物活性炭と呼ばれる。世界で初めて撮影された活性炭の表面を写真に示す。倍率をあげると、表面の細菌の存在がはっきりとする。上と比較して示した新しい活性炭では、活性の高い吸着表面が穴の内面まで観察されている。長寿命の生物活性炭では、活性炭としての吸着作用とは状況が異なり、活性炭が微生物の担体ともなって働いている。

東京都水道局の金町浄水場は、従来方式にオゾン、生

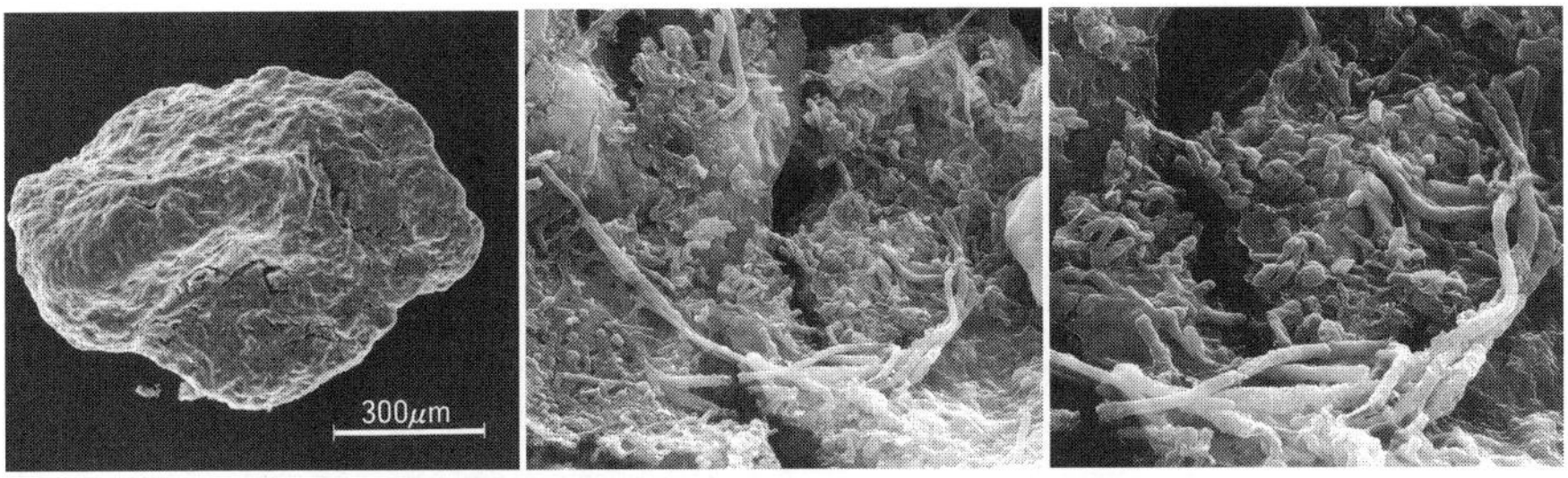

生物活性炭の走査電子顕微鏡写真（100倍，2 500倍，5 000倍）

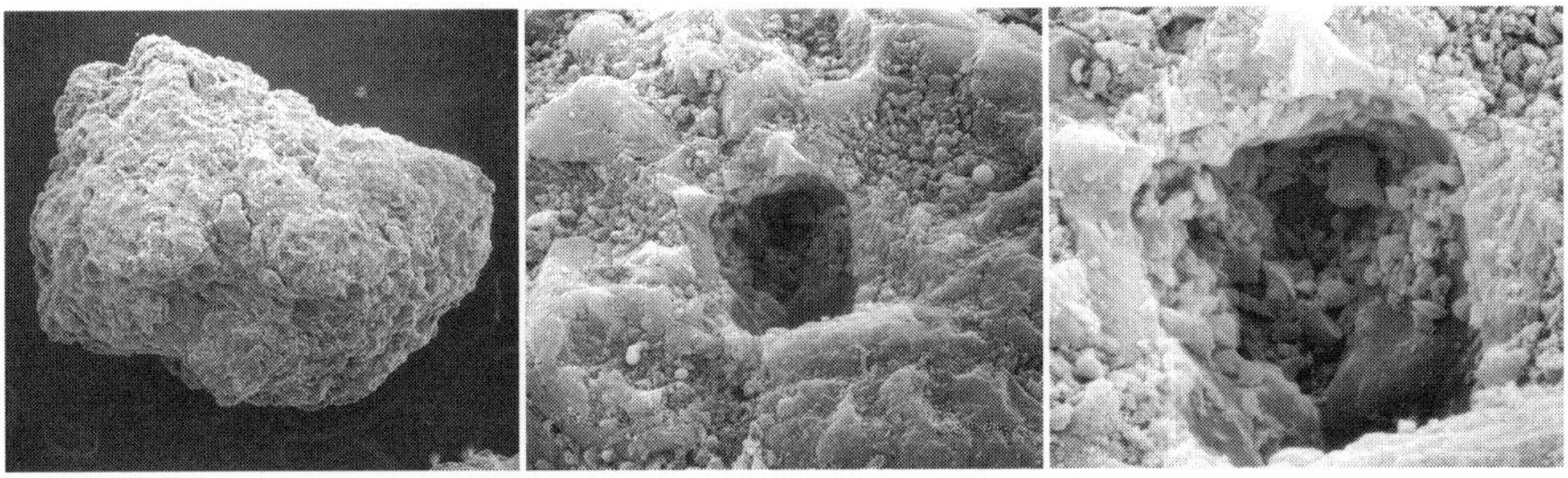
活性炭の走査電子顕微鏡写真（100倍，2 500倍，5 000倍）

物活性炭の高度処理を追加し、関西では、オゾンと粒状活性炭を従来方式に追加した。オゾン、流動床の活性炭の阪神水道企業団、砂ろ過、オゾン、活性炭の大阪府水道、オゾン、砂ろ過、オゾン、活性炭とした大阪市水道局と淀川水系に三種類の高度浄水処理が導入された。土地を広くとれないため、ヨーロッパのような緩速ろ過とオゾン、活性炭の組合せにはならなかったが、再び微生物処理の導入となっている。他方、汚染の少ない水源でも、セラミックスや活性炭を担体とした生物ろ過が導入されて成果をあげている。

　湖からの表流水に塩素添加のみで給水している都市が北米や豪州にある。特にニューヨークは、厳重に管理された水源を持って運営されている。誰もが歩き回れる水源ではない。また、水道原水として最も豊富な海水を用いたものに、サウジアラビアの多段蒸留、膜処理による造水、つまりエネルギーを一番必要とする海水淡水化によるシステムがある。一番コストの安いのは、やはり自然エネルギーによる海からの蒸発と降雨である。これからの水道システムの再構築は、単に浄水場単独で行うのでなく、流域単位で行うことが必須となってくる。

ダム建設が一〇〇年の単位で計画されるように、水道システムも長期的な視野で自然の水循環サイクルを十分組み入れたものにすることが求められる。そのためには、自治体間では、流域において協議会を設立し、水利権に関して、地球環境、温暖化防止なども含め、水は誰のものかを協議し、水環境、水循環、他生物への配慮も含めた再構築を志向することが必要である。

日本の水利権も、治水、利水、環境も含めた河川のあり方から協議され、調整の交渉が行われるような方向にある。

エネルギーを多く使い、ボトル水並みの浄水を供給し、トイレで排泄物を流しているのでは、単にエントロピーを増大させるだけである。水道水で飲料に使用される量はわずかであり、環境を無視した水道システムの構築は、人間社会の終焉を意味するであろう。水を制するものが継続的な社会を維持できることは、歴史を見ても明らかであるし、海外の水道事情を見ても理解できるところである。

五 浄水処理工程の比較〈世界で初めての調査結果を見る〉

水道水質の基準は、WHO、欧州連合(EU)、米国環境保護局(USEPA)などにおいて年々厳しくなる方向にある。しかし、世界の各都市で、どのような原水からどのように浄化し供給しているのか、水質基準項目を比較しても全体像は全く見えてこない。特に、原水から各処理工程、浄水から給配水工程、給配水から蛇口まで、飲料水としての水道システム全体を通して、少量の試料で高感度に、そしてリアルタイムに測定のできる水質項目がなかったためである。

蛇口からの水道水の蛍光強度を測定し、初めて世界の各都市の水道水質の概略を把握することができた。蛍光発現性の腐植物質フルボ酸が自然環境水には比較的多く含まれ、処理工程で順次減少し、水道水に比較的安定に含まれたまま供給されている。これらを京都で開催された第一三回国際オゾン会議で報告し、これまでに訪問調査した浄水場へ試料採取と発送を依頼した。世界の代表的な六箇所の浄水場での冬季における各処理工程水の蛍光強度変化を図に示す。浄水場によっては定期的に塩素の添加を休止したりしているが、水源により蛍光強度は異なり、それぞれの原水において各種の処理工程が組み合わされて運転が行われていることがわかる。

ロンドンでは、テームズ川河川水を貯水池で貯留した原水をウォルトン浄水場で、前オゾン、加圧浮上/ろ過、過酸化水素、主オゾン、活性炭ろ過、緩速ろ過、塩素、脱塩素/クロラミン変換の工程で給水している。

トリノでは、ポー川河川水の原水を、二酸化塩素、前オゾン、凝集・塩素・クラリファイヤー、塩素・砂/活性炭ろ過、二酸化塩素の工程で給水している。

ロサンゼルスでは、シエラネバダ山脈の雪解け水・湧水を導水路で引いた原水を、オゾン、凝集・直接ろ過、塩素の工程で給水している。

コペンハーゲンでは、イスロボー浄水場で汲み上げた地下水の原水を、曝気、前ろ過・急速ろ過、モノクロラミンの工程で給水している。地下水にもフルボ酸が多く

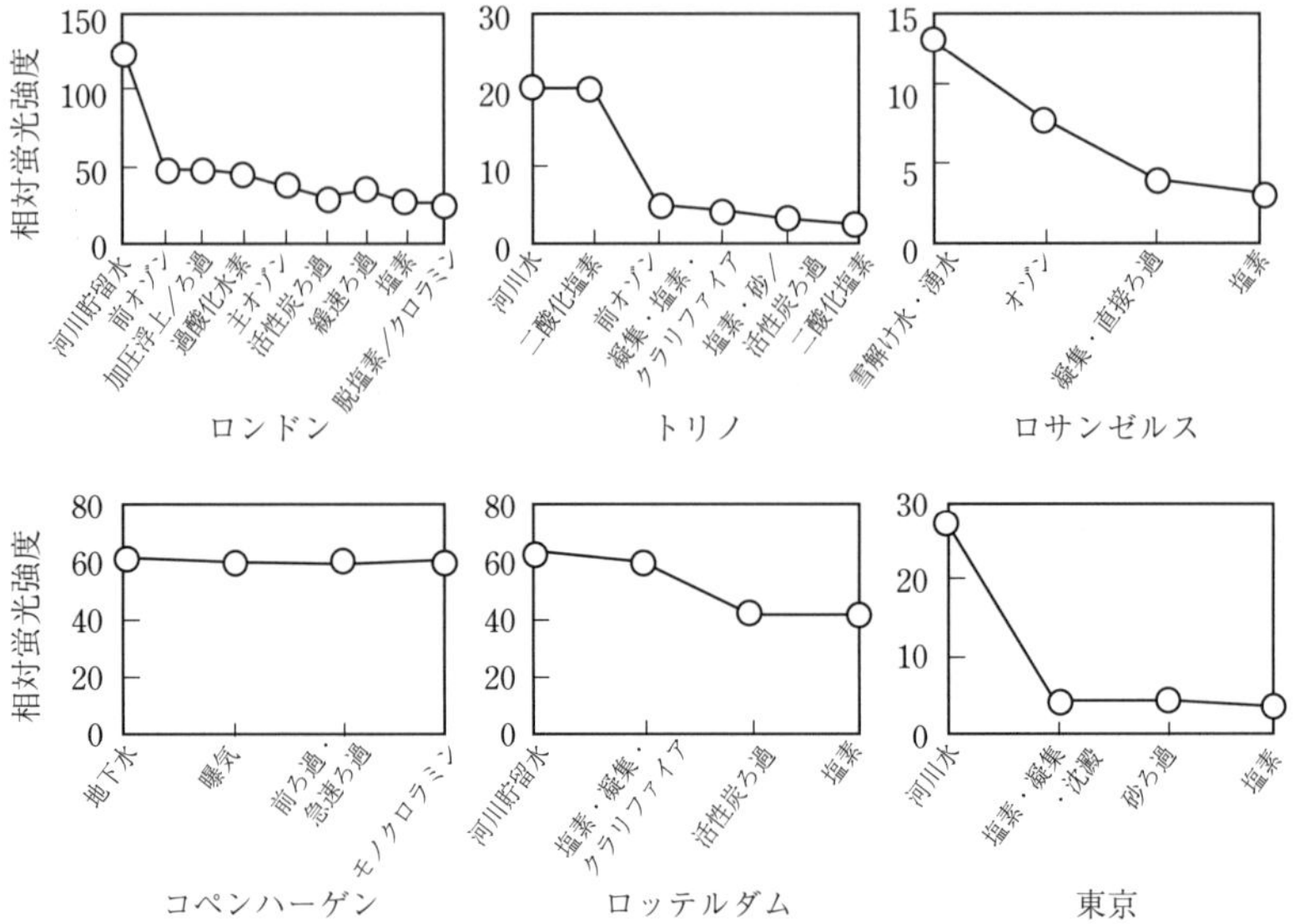

処理工程水の蛍光強度変化

含まれているが、オゾン処理や塩素処理を行わず、酸化力の弱いモノクロラミンで消毒していれば水質的に問題ない。

ロッテルダムでは、マース川河川水をビーシュポッシュ貯水池で調整した原水をベールンプラート浄水場で、塩素・凝集・クラリファイヤー、活性炭ろ過、塩素の工程で給水している。

東京では、荒川から取水された河川水の原水を、塩素・凝集・沈澱、砂ろ過、塩素の工程で給水している。

原水と浄水処理工程は異なっても、蛍光強度は、オゾン処理、凝集沈澱処理、活性炭処理、塩素添加で減少し、曝気や二酸化塩素、クロラミンの添加ではほとんど変化しない。蛍光発現物質は、原水や化学的な処理の行われていない場合には、自然由来と下排水由来のフルボ酸として存在し、オゾン処理で減少した後は、酸化フルボ酸として存在し、また、塩素添加で減少した場合は、塩素化フルボ酸として存在している。これらの存在と強度変化は、トリハロメタン類など塩素化有機化合物、微生物再増殖に関連するＡＯＣの生成能を間接的に示していることになる。

さらに、日本で河川水を原水とする浄水場で原水蛍光強度変化を連続測定し、また、富栄養化した原水を利用している浄水場の粒状活性炭最終工程における測定を行ったところ、トリハロメタン生成能には高い正の相関関係が得られ、蛍光強度の低下がトリハロメタン生成能の減少を正確に示していた。

蛍光分析法は、リアルタイムで処理状況が把握でき、トリハロメタン生成能の予測も可能となった。浄化によって色度が〇以下になった水道水でも、蛍光分析法を用いると、多くの情報が得られる。これまで、水道水の分析では、溶存物質濃度が低く多量の試料が必要であったが、蛍光分析法の適用で浄水場の入口から出口まで少量の試料で溶存している有機物に関した測定ができる。現在、河川表流水の原水では、多少洗剤中の蛍光増白剤の影響を受け、また、処理中のフルボ酸、塩素化フルボ酸、酸化フルボ酸の区別はできていない。しかし、浄水工程における蛍光強度変化は、腐植物質フルボ酸の変化を的確に示しており、無試薬かつ高感度の蛍光分析法を溶存有機物の代替指標として浄水場内部の工程監視に用いることで、浄水場の最適運用が可能となる。海外と比べて滞留時間の少ない日本の浄水場に適したＩＴ革命の基本測定項目となるであろう。

六　オゾン処理による水質特性の変化〈腐植物質を微生物の餌にして除去する〉

処理工程において、溶存している物質がどのように変化しているかを知ることは重要である。浄水では、かつての公害対策にあった薬剤を過剰に添加し、有害物質濃度が〇となったので良しとした考え方を採用することはできない。対象物質が酸化分解され検出されなくとも、その酸化生成物や副生成物が残留して後に問題となるためである。

ヨーロッパの水道では、残留農薬が問題となり、その分解除去のため強い酸化剤であるオゾンによる処理が検討された。多くの農薬に対してオゾン処理を行っても、分解生成物の方が毒性が逆に強くなるという例は見つかってはいない。しかし、オゾンを水道水の処理に利用する場合、農薬を純水に溶かしてオゾン処理を行うのとは異なり、水道原水に溶存しているはるかに濃度の高い溶存物質がどのように変化して、それが次なる処理工程、さらには給水工程でどんな問題を引き起こすかを推察しておかなければならない。塩素処理の消毒副生成物トリハロメタンと同様に、オゾン処理で問題となる消毒副生成物は、臭素イオンが酸化された臭素酸イオンである。欧米の長い河川を流れてきた原水のオゾン処理では、臭素イオン濃度によって臭素酸イオンの生成が問題となっている。その生成メカニズムについては、スイスのワンイエイ博士(J. Hoigné)が展開している。日本でも臭素イオン濃度の比較的高い原水を利用する浄水場では、オゾン処理のパイロット実験でその生成が認められている。

水道原水中で最も濃度の高い溶存有機物である腐植物質のフルボ酸、代表的な名称として自然由来有機物NOMがある。直接の雨水以外は、湧水、地下水、伏流水など、多少とも土壌と接触してフルボ酸を溶解している。表流水の水道原水には、森林、田畑、農場からの溶出分も多く、また、下排水の処理水からの混入分も多い。ヨーロッパの河川の溶存有機物の約四割がフルボ酸であるとの報告もある。これらがオゾン酸化を受けると、水質的にどう変化するのであろうか。着色したフルボ酸は、オゾン処理により不飽和結合が切断され、脱色と平行して酸化生成物のアルデヒド、ケトン、カルボン酸など官能基を持つ物質に変換することは、有機化学の基礎知識から知ることができる。

では、他の水質特性の変化については、どうなるのであろうか？　このことは、ドイツのカールスルーエ大学のグループにより地下水のオゾン処理結果として早くから報告されている。

活性炭吸着の前処理としてのオゾン処理効果を図に示す。地下水をオゾン処理した後の有機物の活性炭吸着性を平行吸着量の変化で示している。活性炭に吸着しやすかったフルボ酸がオゾン処理で吸着されにくくなること、つまりオゾン処理は、活性炭吸着破過に到達する時間を遅くし、活性炭の寿命を延ばす効果がある。次に、生物処理の前処理としてのオゾン処理効果を図に示す。同じ地下水をオゾン処理した後の微生物生育性を調べた結果で、処理水を解放状態に放置して微生物がどのように増殖するかを示している。オゾン処理を行わない地下水のままの放置すると、一〇〇時間で菌を検出し、その後、四〇〇時間ゆっくりと増殖する。しかし、オゾン処理を行うと、菌の検出と増殖速度は早まり、急激に増殖することが認められる。つまり処理により微生物の餌が生成するため、生物処理の前段でのオゾン処理は有効であることがわかる。結果として、オゾン処理により生物難分解性の溶存有機物を生物易分解性へ変換し、活性炭への吸着性を低下させたのである。

この二つの図から、溶存有機物を比較的多く含む原水の処理には、オゾンと生物活性炭処理の組合せが好まし

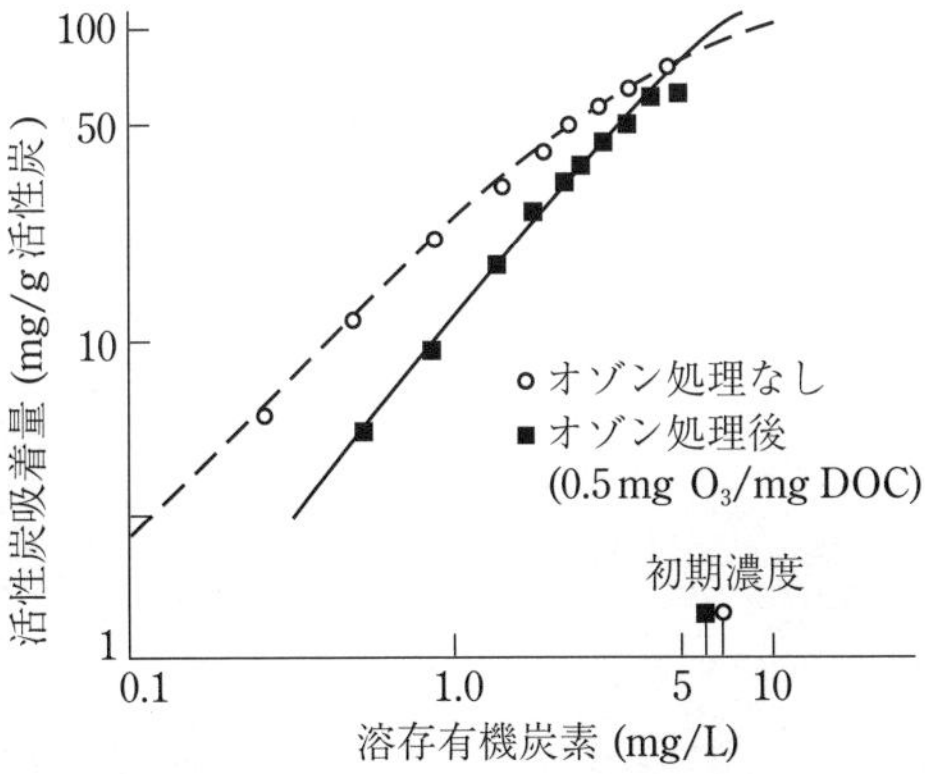

オゾン処理によるフミン質の活性炭吸着性変化
［キューン（W. Kühm）の図より作成］

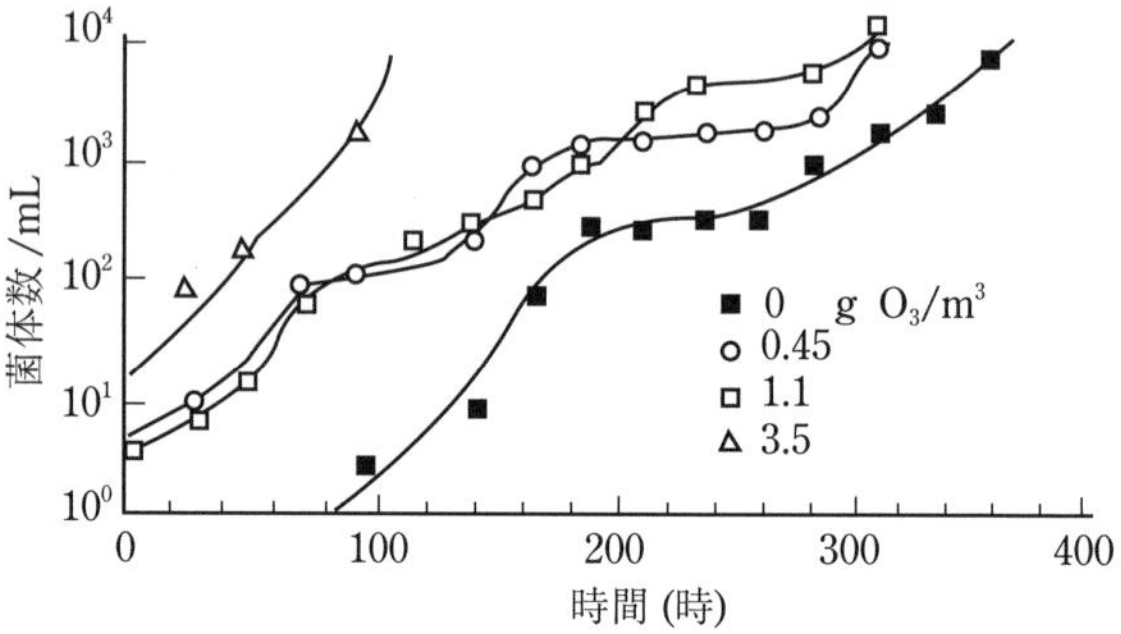

オゾン処理による微生物増殖性変化
［キューンの図より作成］

いことがわかる。日本の大浄水場で行われている高度浄水処理システムの基礎的な図である。安全性を重視した日本の水道では、オゾン単独の使用例はない。より詳細には「防菌防黴」第二七巻第三号（一九九九年）を参照されたい。

七 濁質としての藻類と原虫

〈クリプトスポリジウムは不均一に分散する〉

もともと水道は水の道であり、水道法の基本思想である清浄、豊富、低廉からして、蛇口から有害物質でなければ何が流れ出ようと不思議ではない。かつて関西の水道では、蛇口から山椒魚が出たことがあるという。関東では、プランクトンが増えても、朝の味噌汁の野菜が水道水に刻まれて入っていると考えればよいとの水道関係者の笑い話もある。なにも何μm以上の粒子を流してはいけないというのではなく、安全確保が第一であって、危険な化学物質や病原性細菌などの流入を防ぐということである。もちろん、水道水中の微粒子を除いてボトルウォーター並みの水質にする必要はないが、浄水処理での濁質の影響は無視できない。

かつて水質分析計の精度管理のため、国立公衆衛生院水質問題研究会の関東地区メンバーが数箇所で共通試料を用いて全有機炭素(TOC：total organic carbon)濃度の同時分析を行ったが、なぜか〇点近くの低濃度範囲がなかなか一致せず、苦慮していたことを記憶している。最近の微生物学の研究では、藻類のミクロ粒子であるピコプランクトンがメンブランフィルターを通過した粒子として、かなり水中に存在しているという。目には見えないが、これが分析計に導入されると、溶存有機物の炭素の固まりとして大きな値を示す。どうも測定誤差の原因はこれであったようである。実験室では、処理工程の評価に各工程水を並べて分析を行うが、確かに河川水などでは〇・四五μmのメンブランフィルターを通した水でも、赤色レザー光線を当てると、コロイドの存在を示すチンダル現象が観察される。この中には無機質の微粒子以外に、蛍光顕微鏡の発達により有機質ピコプランクトンの存在が確認されている。

最近、問題になっている水中の濁質としては、大きさ四～五μmの原虫クリプトスポリジウムがある。一九九九年スイスのバーゼルのオゾンに関した国際シンポジウムで、クリプトスポリジウムのオゾンによる不活化の研究で最も活躍していたカナダのアルバータ大学のフィンチ

クリプトスポリジウムのオゾン不活化を説明するフィンチ教授

教授(G. R. Finch)は、次のような発表を行った。実験室でクリプトスポリジウムを含む水にオゾンを接触させて多くの実験を行い、不活化のモデル式を導いてきたが、現場のデータとはかなり違いがあることがわかった。「化学者よ、ご苦労さん」ということで、やはり現場での実験確認が必要になるとのことである。化学者の一人としてびっくりして聞いていると、準備されていた発表の要旨より一歩進んだ説明が行われている。つまり、クリプトスポリジウムのオゾンによる不活化の反応は、原虫の粒子が均一に分散していることを前提とした実験で、実際には、均一に溶解している物質の反応とは異なる。均一反応として取り扱っても、現実には、粒子として原虫のシストが存在したかどうかで結果がでてくるためである。今後は、オゾン接触槽の設計、泡の発生など創造的な技術開発、新設計概念が必要になる、とのことであった。

発表の後、フィンチ教授に会場の外で「今日の私の発表についてのコメントは?」と、声をかけられ、「いつもの発表より簡素にまとめられて理解しやすかった」と回答したものの、残念なことに、その冬、スキー中に亡くなられた。教授の責任感と専門意識は高く、これまで六名の博士、二〇名の修士を指導され、大学にはフィンチ記念奨学基金が設立された。

ろ過設備を持たないカナダのバンクーバーのオゾン処理設備は、原虫の不活化を目的とした新しい考えのサイドストリームのパイプライン接触槽が建設されている。フィンチ教授の参画したサイドストリーム方式は、オゾンを直接水中に吹き込む従来の方式と異なり、オゾン含有気体を他の高速の水の流れに吸引させ、微細オゾン含有気体を含んだ混合状態の水として、直径約三m、長さ約一kmのステンレス管内を流れる処理すべき水本体へ導入混合する方式である。不均一に混合している濁質へのオゾン反応、原虫へのオゾン不活化反応を十分考慮した処理設備となっている。

八　生きている浄水場〈生物の知識が必要になる〉

最近、おいしい水の観点から、植物性プランクトンの作用も含めた微生物、微小生物の活躍する緩速ろ過が一部で見直されている。また、給水人口、水需要の増加に対応して大容量の水を浄化する浄水場では、オゾンと生物活性炭の処理や担体としてセラミックスや粒状活性炭を用いた生物ろ過など、微生物を利用した工程を積極的に導入し始め、再び微生物屋さんの出番となっている。

これまで比較的原水のきれいな浄水場では、前塩素、凝集沈澱、急速ろ過、後塩素の工程がとられ、入口から出口まで塩素で消毒されて水が処理されてきた。消毒用の塩素は、原水に含まれるアンモニア性窒素をクロラミン経由で窒素まで分解し、沈澱池での藻の発生を防止し、砂ろ過でマンガン砂を形成することから、前塩素、中塩素、後塩素と浄水場で広く利用されてきた。また、古くは大正、昭和初期に、大都市水道の緩速ろ過設備に対しても、より良い水質を得るために前塩素を添加することが真剣に議論されていた。

一方、生物処理では、従来の化学処理、物理処理とは異なり、高速で大容量の水は処理できず、また、急激な水質と水量の変動には対応することはできない。有機物を除去する菌、アンモニア性窒素を硝化する菌、その他多くの微生物が共生しており、水温、pH、毒物の影響も受け、生物活性も図に示すように嫌気性と好気性との二つの山を持っている。ある浄水場では異臭味の発生に粒状活性炭設備を導入して問題を解決した。しかし、再び同じことが起こり、同様に活性炭槽へ通水して解決を図ろうとしたところ、硫化水素臭の強い水が出て対策に遅れをとってしまったという。有機物などの栄養分を吸着した活性炭を長く停止保管していたため、活性炭層内の酸素分が欠乏、好気性から嫌気性となって硫化水素が発生したのである。

微生物は、酸化還元電位の環境条件が決まれば、その環境に適合した優先種が最大の活性を示して生育する。また、その条件が変化することにより生物相も変化する。

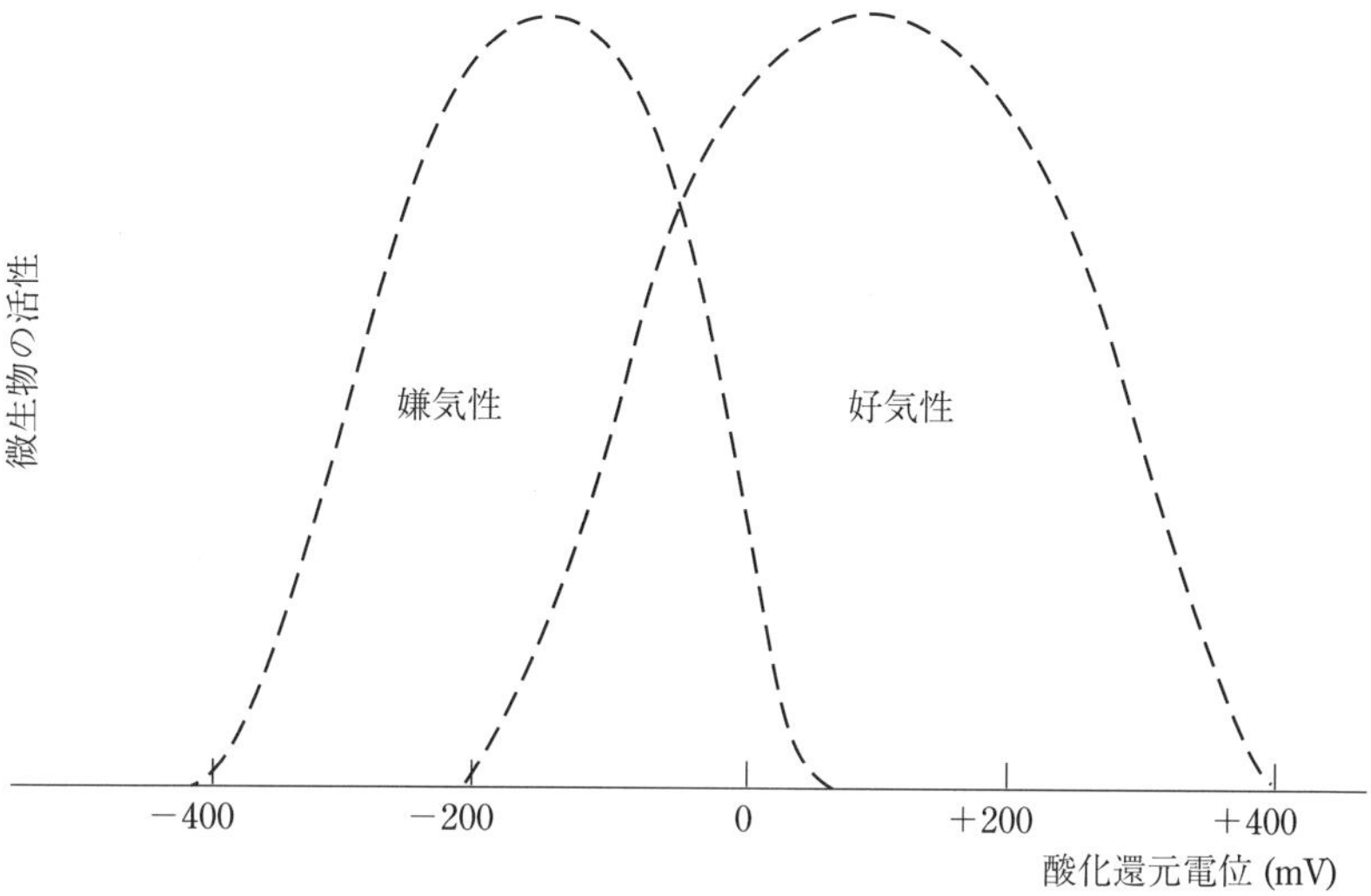

微生物の活性と酸化還元電位
［グローネ（W. H. Grune）とロッゼ（T. H. Lotze）の図より作成］

条件の変化で芽胞をつくり閉じ込もってしまうもの、付着したまま死滅してしまうもの、最適条件が整ったと急に増殖するもの。目に見えない条件下で微生物相は、常に大きな変化を起こしている。次頁の写真に生物活性炭表面で見つけられた厚膜胞子を示す。

オゾン処理と生物活性炭処理の工程でも多くの微生物が生育している。生物活性炭処理には溶存有機物の代謝菌とアンモニア性窒素を除く硝化菌とが最も関係するが、汚れた原水の場合、頻繁に活性炭層を洗浄すると、肝心の硝化菌が活性炭層からいなくなってしまう。有機物代謝菌と硝化菌との世代交代速度が異なるためである。これら生物相による違いは、湖沼水を原水とする高度浄水処理の長期実験の生物活性炭で確認できている。また、海外の浄水場においても、二段の生物活性炭処理が効果的であることが確認されている。

オゾンと生物活性炭の設備では、もし通水停止となった場合は、活性炭表面に生育している微生物を殺さないように注意する必要がある。溶存酸素を供給するため水を循環させたり、長時間、嫌気性にならないよう水を抜いて空気に触れるようにしたいものである。オゾンと生物活性炭の運転においてオゾンの発生を停止すると、水が白く濁るそうである。酸化還元電位の変化が起こり、おそらく他の微生物が増殖し始めたものと思われる。逆に、ゆっくりとこれら各種の条件で順次多段の処理を行えば、効果的に溶存有機物を減少させることができるであろう。

前塩素、中塩素、後塩素を使用する従来の化学的、物理的な浄水場では、殺菌、消毒に関する生物の知識で良かったが、砂ろ過や粒状活性炭の表面に微生物が付着しており、今後、生物に関する知識も当然違ってくる。停電による運転停止、運転再開の操作も、付着している微生物を忘れないように条件をゆっくりと変化させる必要がある。まさに、動物園や水族館の飼育担当者、ビール工場や酒蔵の品質管理者の心構えが必要となっている。

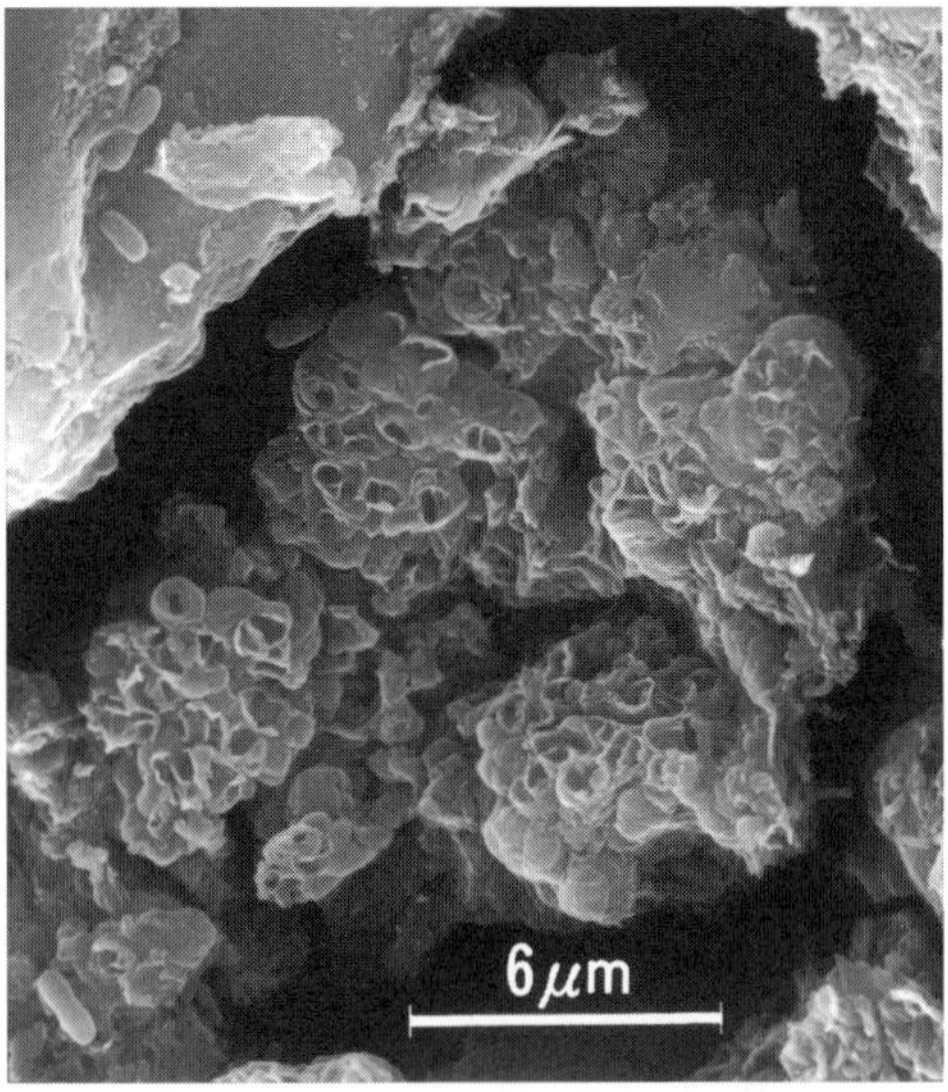

生物活性炭表面上に見出された厚膜胞子

九　給水配管内の微生物〈定期的な洗浄が必要になる〉

水道業界では、残留塩素を低減させる方向にあり、給配水管での細菌による汚染、あるいは再増殖が心配されている。良質な水源に恵まれず、水道水中でのトリハロメタン生成を最初に発見したオランダでは、将来の水道システムは、汚れた原水をできる限り浄水場で浄化して残留塩素を添加せずに給水する方式と考えて、給水配管内面の微生物に関した研究が積極的に進められている。これまで塩素処理した飲料水においても耐性細菌の存在が報告され、また塩素は、給配水中で減少するため再増殖に対して効果的でないとの報告もある。配管の表面には消毒剤の存在下でも細菌がかなり付着し、その微生物膜から細菌が常に水中に放出されている。細菌は、溶存しているAOCを取り込み増殖するので、飲料水中のAOC濃度が重要な水質項目となっている。

オランダ水道施設検査協会のクラウトホフ博士(J. C. Kruithof)の紹介を受け化学生物部門の副幹事ヴァン・デル・コーイ博士を訪問し、これまでの給水配管内におけるAOC、微生物膜、膜の生成能、生成速度、微小無脊椎動物などに関した研究成果と統一的な手引きについて教えていただいた。

飲料水中の細菌により利用可能な有機物濃度の決定は、化学的には困難である。濃度は、非常に低く、カルボン酸、アミノ酸のような低分子から高分子のもの、生物分解性のある官能基を持ったフミン酸、フルボ酸を含む大きく複雑な分子のものも関与しており、それらの基礎データはなく、ほとんどが相互作用を示しており、微生物学的手法の検討が必要になる。細菌の再増殖の指標となるAOCは、試料水に蛍光を示すP17株とNOX株とを混合し、一つの培地上に接種して二種のコロニーを増殖させて数を求め、最大コロニー数に達したところでおのおの酢酸の炭素源に換算して合計濃度を求める。P17株は、アミノ酸、ギ酸とシュウ酸を除くカルボン酸、炭水化物、芳香族カルボン酸を、NOX株は、カルボン酸のみを利用して増殖する。浄水場から浄水が配水管内でど

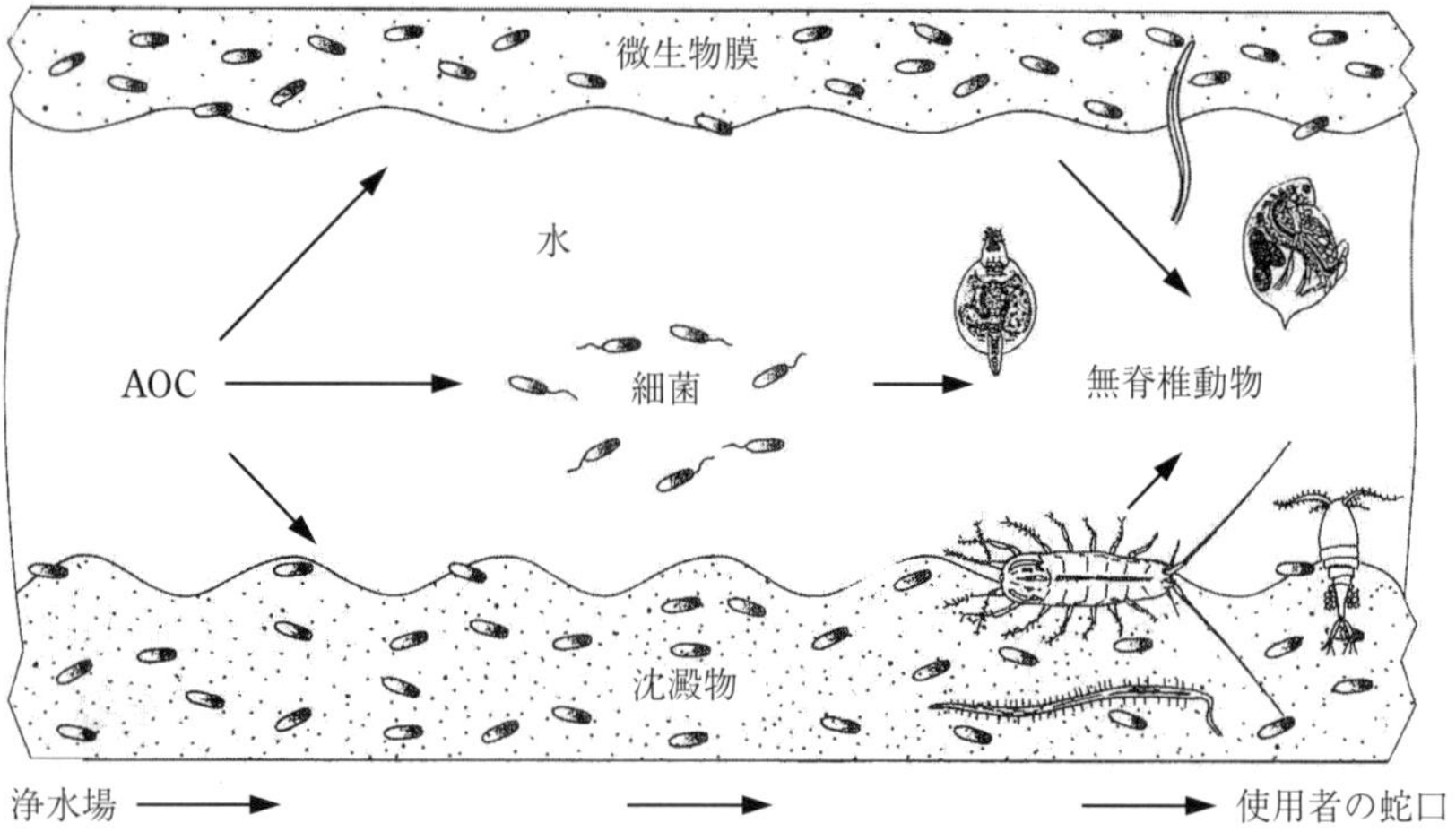

飲料水配水管内の微生物学（KIWA. ヴァン・デル・コーイの図より作成）

のように変化しているのかを微生物学的にオランダ水道の地下水系、表流水系で調べたところ、浄水場からの距離が長くなると、配水管内でＡＯＣ濃度が減少することが認められた。濃度一〇μg酢酸炭素/L以下では濃度の減少は認められず、この値が細菌の増殖能の限界であり、飲料水の微生物学的安定性の指標とされている。

配水システムの細菌や微生物膜は、水の流れや配管の曲がりによって管内面に均一に付着しておらず、調査測定は困難である。このため、高感度の微生物評価法を組み合わせた各種試験方法が開発された。配管材料の微生物評価では、テフロン、ポリ塩化ビニールは、付着菌体密度が低く、可塑剤入りのポリ塩化ビニール、ポリエチレンでは比較的高い値を示し、可塑剤やポリエチレンが細菌の栄養源になっていることを示した。材料の表面に生育する細菌は、レジオネラなど病原性細菌にも増殖の機会を与える。また、糞便性細菌による汚染が起きた時に大腸菌群などが微生物膜や沈澱物中に入り増殖し、水質にとって好ましくない状況になることが予想される。浄水場から消費者までの配管内で、ＡＯＣ成分は、細菌を増殖させ、微生物膜を生成し、沈澱物も増加蓄積させる。長期的には、微生物膜を餌として生育する各種の無脊椎動物も出現し、消費者の蛇口から出てくるとして、統一的な図がまとめられている。これら給水配管内の微生物は、オランダの各水道会社の重要な戦略項目となっている。

蛇口から虫が出ても、水道水は雑用水ではなく、飲料水の水質基準に守られた水質であることに問題はない。例えば、フィレンツェの水道では、水道水中に見出される線虫を集め、線虫内の細菌を調べ、病原性のないことを確認して技術報告で公表している。しかし、飲料水にとって重要なのは、細菌に対する安全性と清廉さである。AOCの高い浄水で残留塩素がなくなり排水の混入などが起これば、これらの現象は、一挙に加速される。今後も消費者に高品位の飲料水を送るためには、微生物学的な安定性も考慮すべき水質項目となる。

また、飲料水水質に対しては、受水槽の管理や受水槽以後の配水管の保守管理も重要である。なお、オゾン水溶液が付着微生物の剥離に有効なことも知られている。詳細は、「設備と管理」(一九九二年)を参照されたい。

一〇　蛍光分析を使う管理〈夕焼けの原理で精度良く分析する〉

全国の上水道、下水道、水環境と、広い分野で多項目の水質分析が数多くの分析担当者により毎日行われている。浄水場では、処理設備の運転技術者と水質の分析担当者とは別々に行動し、おのおの得られたデータは、運転日誌の上でまとめられている。水道水質の基準項目が多く、分析担当者は水質を計ることで精一杯で、これまで水質結果と運転状況のデータを突き合わせ、全体の評価が行われることはほとんどなかった。特にこれらの検討は、多くの技術者を抱える浄水場で可能でも、小さな浄水場では無理である。もっと業務を単純にできないであろうか。安全ならば、毎日細かな分析は必要でなく、その分析項目の重要度を考えて実施すべきであろう。

原水水質の急性毒性は、従来から水槽内の魚の監視で行われていた。また送配水ポンプなどの運転に関しては、水位、圧力、水量、ポンプ運転台数、運転時間などコンピュータを利用することで省エネルギーの運転ができる。では、浄水場の処理工程が最適運転条件にあるのか、水質が変動した後でも対応できているのかを迅速に調べられないであろうか？　今日まで、原水から浄水の各工程を簡単に見られる水質測定項目がなく、経験を持った運転技術者が現場へ出て、凝集フロックの生成と沈澱状況などを見て歩いていた。つまり水質分析は、衛生試験方法で浄水の安全性は示しているものの、浄水処理プロセス全体を見ることができなかった。しかし時々刻々と流れている全工程の各処理水水質は、前段の水質と処理工程条件の貴重な情報を持っており、この情報を水質から自由に得られれば、リアルタイムで現場の最適運転状況を決めることができる。

従来の水質分析は、全有機炭素でも〇・二mg／Lぐらいが限度であり、過マンガン酸カリウム消費量は、有機物以外の物質も含まれ、紫外吸光光度法は、〇・〇〇五ぐらいで測定できなくなる。また、無試薬で測定できる項目は、水温、pH、濁度、色度ぐらいである。

これまで、著者らの調査結果から、今後の水質代替監

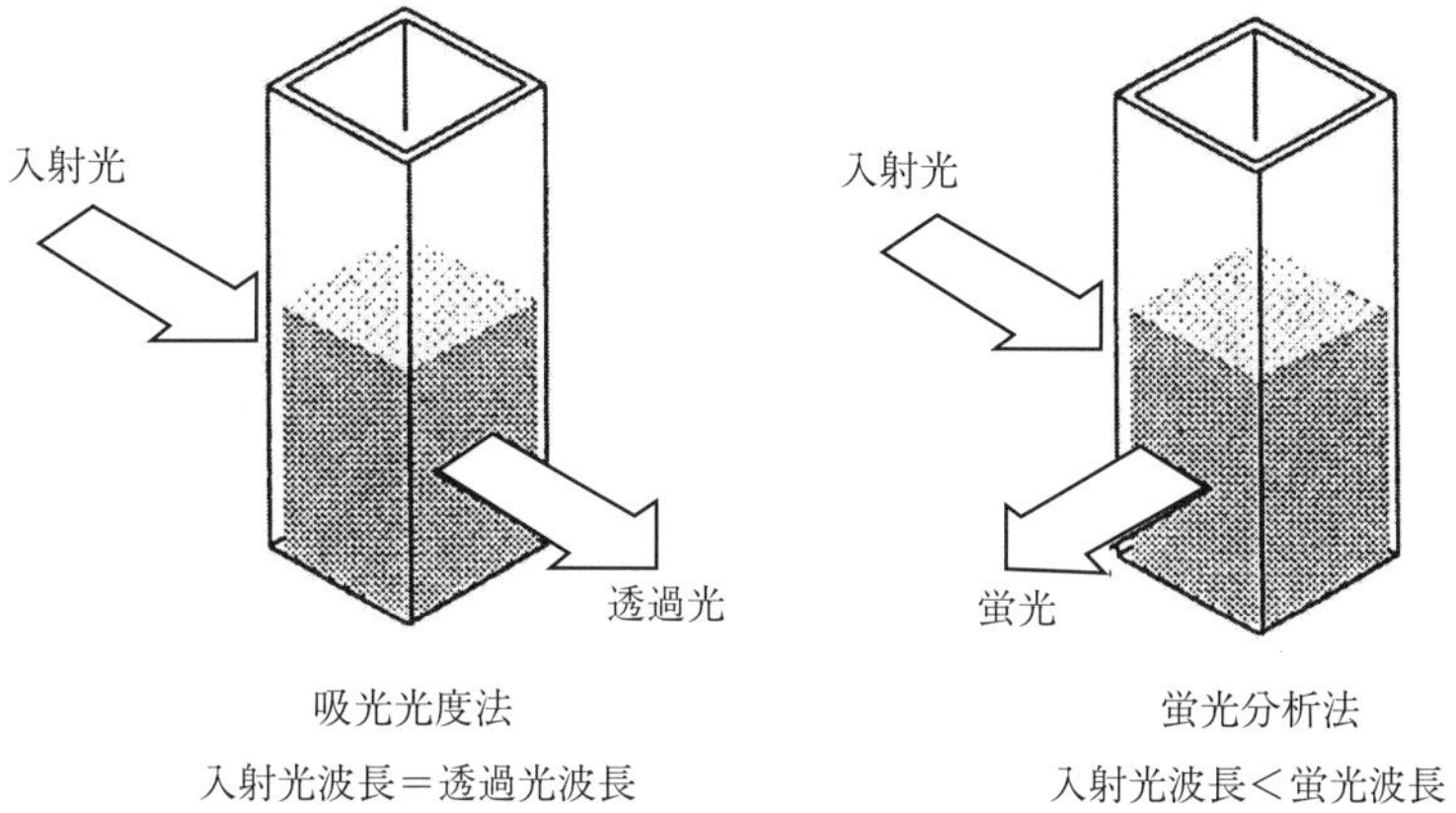

分光分析法の比較

視項目として高感度で高い測定精度を持った蛍光分析法について触れてきたが、緩速ろ過での効果も認められたので、本項ではもうすこし詳しく「蛍光分析のすすめ」を解説する。蛍光分析法は、簡単に全体の処理状況を監視できる技術であり、水道設備の診断技術、浄水場の機能判断技術でもある。蛍光分析法の導入で、薬剤使用量、スラッジ発生量、消費エネルギーも少なく、環境に配慮した浄水場の運転を安心して行うことができる。

試料水に光を透過して、前後の光の強度比を求める従来の吸光光度法に対し、蛍光分析法が有利な点は、特定の水中有機物が光エネルギーを吸収し励起状態へ移り、そこから基底状態へ戻る時、波長の長い蛍光を発することである。弱い光でも異なる波長を測定するため高感度で、波長が長くなり誤差が少なくなる。科学的には、太陽からの白色光が夕方になると大気層通過中の散乱により短波長の青い光がなくなり、長波長の赤い夕焼けが見える現象と同じである。また、長波長の方が散乱の影響がなく遠くまで届くことは、広く利用されている光ケーブルでも説明できる。純度の高い石英ガラスや合成樹脂のケーブル内を長波長の光を利用して長距離間の情報交換が行われている。短波長の光は、残念ながらケーブル内での散乱によって遠くまで届かない。光の性質で波長の四乗に反比例して光散乱が起こるためである。蛍光分析に関しては、現在既に非接触で無試薬連続測定のできる機器が開発されており、励起と蛍光の波長を選択して下排水、環境水の分析にも適用可能となっている。

滞留時間の短い日本の浄水場でも、忘れた頃に水質事故が繰り返され、「水道水から○○○が出た」と新聞に書かれ大騒ぎとなる。やっと「うちでは浄水工程の通常管理を蛍光分析で見ているから安心です」と管理者が市民へ言えるようになってきた。詳細は、「水処理技術」第四二巻第四号(二〇〇一年)、「用水と廃水」第四三巻第九号(二〇〇一年)を参照されたい。

二 世界の水道事業をめぐる変化〈技術革新、危機管理、事業経営で動き始めた〉

二〇〇一年九月一一日のニューヨークの同時多発テロ事件で世界的に危機管理が議論されている。海外出張中のコックピット訪問で、氷の北極海上空やオーロラ、流星群の観察などはもう味わうことはできない。パリなどの街角では、以前からどこのビルも大きな扉で閉ざされ、暗証番号をボタンで押して出入りしている。パリ郊外の浄水場は、車で自由に入れるものの、監視室からはテレビカメラでチェックされている。浄水場は、市民の生活を守る大切な所であり、勝手に出入りできなくなっている。職員の暗証番号による水道局本館への出入りは、ローマ、オークランドの水道局で利用されていた。また、カード方式と番号との組合せは、テームズウォーターやボルドーのコントロールセンターで実施され、特にテームズウォーターのコントロールセンターは厳重であった。ドアは二重で、半導体工場の防塵用の入口と同様、一度小室に入ってドアを閉めてから次のドアを開く方式で、入出時に同じ操作が必要である。この方式がジャンボジェットのハイジャック防止に客室とコックピットを区切る手段として提案されている。ロサンゼルスの高級住宅地ロング岬では、赤外線レーザーの警報システムの設けられた金網があり、これに近付いたため、犬に吠えられ、ピストルを向けられホールドアップされるという目にあった。退役軍人が趣味のためヘリコプター三機を置いた整備工場で、ベトナムで使用された実弾装備の日本製もある。とんでもない金持ち側の危機管理システムである。

チューリッヒの水道局では、核戦争を想定して浄水場の構造を工夫し、非常事態でも運転可能としている。また、緊急時に備え、銀化合物の殺菌剤を加えたビニールパックの飲料水を大量に保管している。ドイツの浄水場やコペンハーゲンの浄水場では、複数の水源を確保して水質汚染に対応している。パリでも、水源の汚染事故に対して、河川の流量、原水池、浄水池の容量を計算して対策がとれるよう水質監視に重点を置いている。リヨンでは、河川伏流水を利用しているが、民営化されているため、大胆な構想で河川水汚染事故が起きた場合の緊急浄水場を常時待機させている。日本でも、自然災害の渇水対策と地震対策のみの時代は終わり、水質に対する管理、水道設備に対する危機管理が必要となってきた。

また、水道事業も、建設の時代から管理の時代へ、事業の広域化、上下水道部門合体、下水道部門への人員の移動、事業の第三者委託、民間資金の活用による公共設備の整備、官と民の協調、民営化などが世界的な傾向となっている。合理化、健全化、環境保全などを背景に水道事業の民営化は、歴史あるフランスからイギリスへ、そして地球を回り始め、現在アメリカでその数を増やし始めている。民営化の先進国ヨーロッパでは、技術展示会バッサーベルリン、国際会議ストックホルム水会議などを通して、東欧、ロシア、アジアへのビジネス展開を図っている。世界の水道界は、二一世紀を迎え、浄水処理技術、危機管理、事業経営の三点で確実に動き始めた。

（II）ヨーロッパ

イタリア，ヴェネツィアの水飲み場．
水飲み場は流れる水道水で

リヨン，テロー広場に新しい噴水が出現．
タイマー作動で広場全面が噴水に

南ドイツ，シュプリンガーベルク浄水場．
ボーデン湖のアルプスからの雪解け水

(II) ヨーロッパ

1.オスロ
2.ストックホルム
3.ヘルシンキ
4.モスクワ
5.ロンドン
6.ケンブリッジ
7.ロッテルダム
8.ハウダ
9.アムステルダム
10.コペンハーゲン
11.レンヌ
12.ルアン
13.パリ
14.ボルドー
15.リヨン
16.ポン・デュ・ガール
17.マルセイユ
18.ニース
19.トリノ
20.フィレンツェ
21.ローマ
22.ナポリ
23.バリ
24.ブルッセル
25.エッセン
26.シュツットガルト
27.バーゼル
28.チューリッヒ
29.プラハ
30.ウィーン
31.ブタペスト
32.ワルシャワ
33.クラクフ
34.チェルノブイリ

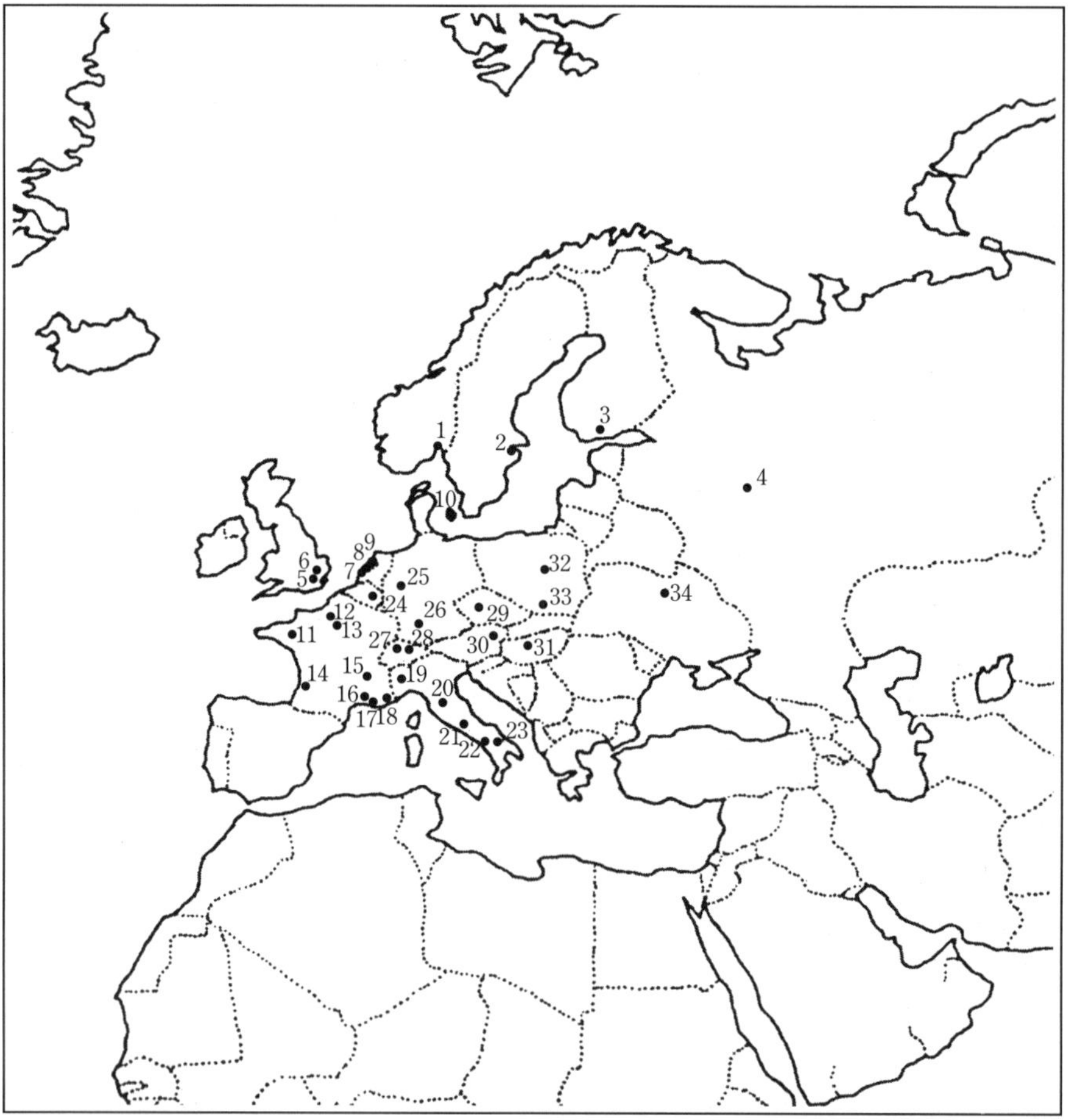

一一 ロンドン〈オゾン、粒状活性炭と緩速ろ過の組合せ〉

サッチャー首相の時代、一九八九年に民営化されたテームズウォーターがロンドン市民約七〇〇万人に水道水を供給している。水道水の原水は、テームズ川七四％、リー川一五％、地下水一一％で、河川表流水の長期間貯留と緩速ろ過を基本としている。原水の貯水量は、二億七〇〇万m^3ある。ロンドン全体の給水システムは、一五〇〇km^2の地区に、直径二・九mのトンネルから七五mmの給水管まで含めた全長一万八〇〇〇kmの配水管網、七八地区の水圧ゾーン、二六本の井戸、七六箇所の浄水池と浄水塔で、給水量は二〇九万四〇〇〇m^3／日である。

民営化により、浄水場の統合、送水幹線のネットワーク化、貯水池管理、急速ろ過の改良、緩速ろ過の効率化など、二一世紀の水道事業を考慮して大きく改造した。九つの浄水場を五つに統合して効率化を図るとともに、高度浄水処理を導入し、一日最大浄水能力をハンプトン七九万m^3、アッシュフォードコモン六九万m^3、ウォルトン一四万m^3、ケンプトン二三万五〇〇〇m^3、カッパーミルズ六八万m^3とした。

EUと英国の水質基準に対して、従来の処理では、除草剤、殺虫剤などの残留農薬二〇種が〇・一μg／L以上の濃度で検出され、また、トリハロメタン類、塩素化有機化合物も除去できず、そのため将来を展望した各種の浄水処理の方法が検討されてきた。そしてケンプトン浄水場に五〇〇〇m^3／日のパイロットプラントを二系統設置し、前オゾン、凝集、急速ろ過、主オゾン、緩速ろ過、粒状活性炭、消毒を組み合わせた高度浄水処理の実験が長期間行われた。その結果、従来の浄水に比べ、高度浄水処理水は、農薬の除去以外に、塩素の消費量、トリハロメタンの生成量が半分になることが判明した。そうして緩速ろ過にオゾンと粒状活性炭を組み合わせた高度浄水処理が導入されることになった。

トリハロメタン前駆物質と農薬の除去、藻の生成防止対策を考えた最大浄水能力二〇万m^3／日の新ウォルトン浄水場が一九九五年に建設された。テームズ川からの河

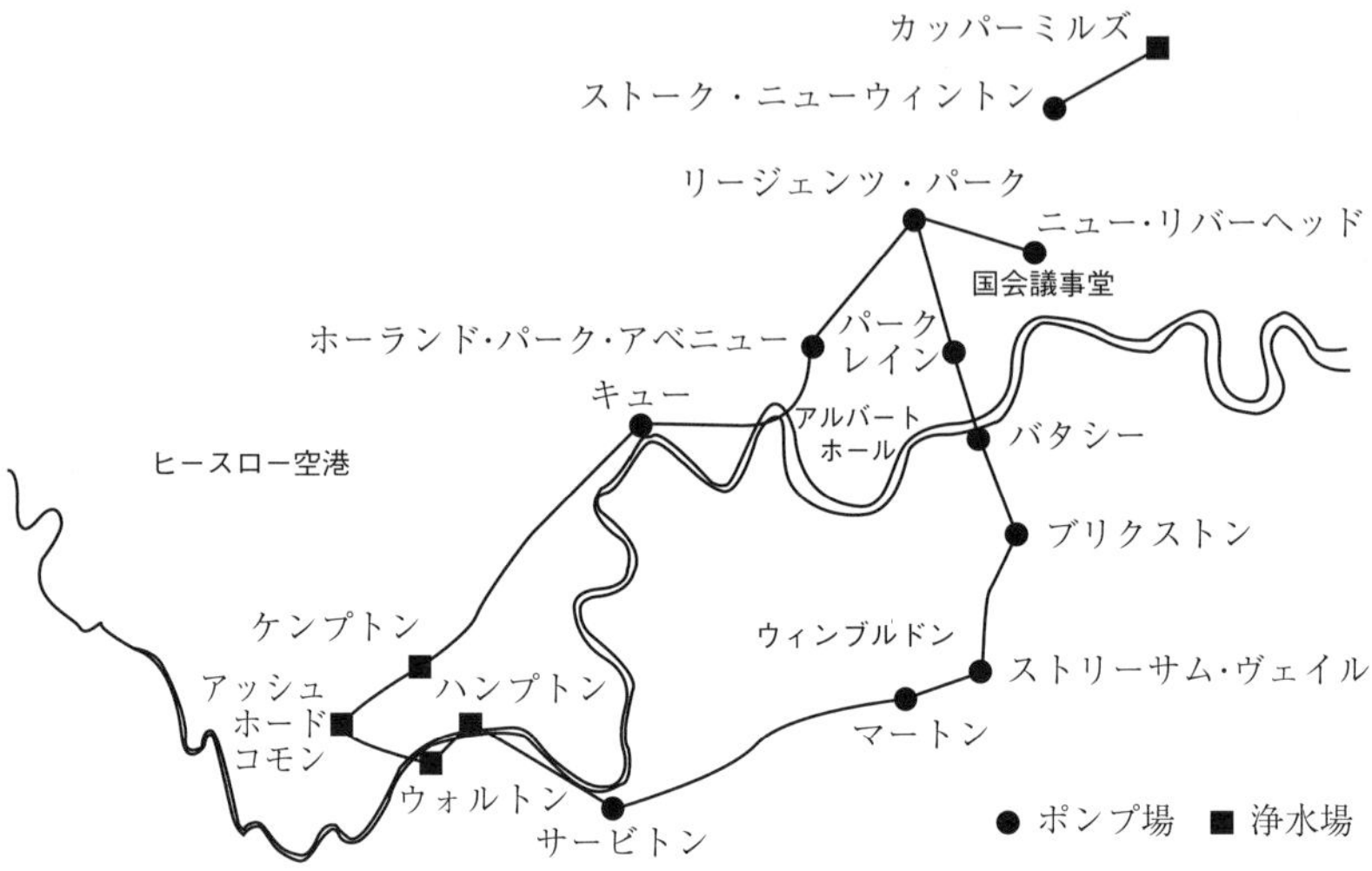

ロンドンの地下に完成したリングメイン

川水は、ポンプで三つの貯水池に送水し、一〇〇日間以上の長期にわたり貯留し、沈澱と自浄作用により水質を安定化させる。次に浄水場において、前オゾン処理、硫酸第二鉄添加、加圧浮上と二層ろ過、過酸化水素・オゾン処理で残留農薬を分解する。そして、活性炭吸着、緩速ろ過の後、次亜塩素酸ソーダを添加して消毒し、亜硫酸水素ナトリウムの添加により脱塩素し、硫酸アンモニウムの添加によりクロラミンとする方式である。

アッシュフォードコモン浄水場、カッパーミルズ浄水場も同様にオゾンと粒状活性炭が導入され、ハンプトン浄水場では粒状活性炭のみが採用されている。粒状活性炭には特別の設備は必要なく、緩速ろ過のろ過砂でサンドイッチ状に挟んで利用されている。

テームズウォーターでは、水の流れとエネルギー効率を考え、ロンドンの地下四〇mを通る直径二・五四m、全長八〇kmの送水幹線リングメインを建設し、近代的な五つの浄水場から浄水を注ぎ込み、一一箇所から汲み出して周辺消費者へ供給する二一世紀の給水システムを構築した。このリングメイン配管内には、光ケーブルが設置され、各浄水場、ポンプ場などの水圧、流量、貯水池水位、水質などの情報が写真のテームズ川、貯水池、緩速ろ過池に囲まれたハンプトンの中央コントロールセンターに送られ、集中管理されている。これらは、送配水の省エネルギー化、水道水の安全、システムの危機管理を重視してつくられている。通常の送配水と運転監視だけでなく、問題が発生した場合の送水ルートと使用ポンプ選定などの応急対策の最適条件を短時間に決めることができる。なお、リングメインに長時間滞留した浄水は、トリハロメタンが増加するためすべて廃棄される。

英国では、政府と独立した飲料水の監視人ウォッチドックが各家庭の飲料水を抜打ち的に調査し、民営化した水道会社が正しく飲料水水質基準を守っているかを調べている。

ハンプトンのコントロールセンター(テームズウォーター提供)

一三　ケンブリッジ郊外〈表流水にオゾンと粒状活性炭、地下水にイオン交換樹脂〉

英国のケンブリッジ市の東北部に給水するアングリアンウォーターでは、EUの厳しい水質基準を守るため、表流水を処理する一一の浄水場にオゾンと粒状活性炭処理施設を、地下水を処理する一〇の浄水場にイオン交換樹脂を導入し、一九九五年の水質基準改善目標を達成した。

ケンブリッジ郊外東北部は、一七世紀にオランダの技術者によって開発されたロンドン北部の豊かな農業地帯であり、海抜は海面下から平均で一m、最大三m下にあり、海面下の土地が内陸部四八kmまで達している。

アングリアンウォーターは、英国の水道会社一〇社のうちで最も広い地区を担当し、給水人口三九〇万人、一五九箇所の浄水場と長さ三万三二〇〇kmの主配管、三九二の配水池を通し平均一一六万m^3/日の浄水を送っている。家庭の水使用量は、平均一三六L/日・人である。水源は、地下水が五〇%、河川水の直接利用が一〇%、貯留した水が四〇%である。平坦な地区での川の流れは遅く、富栄養化が進んでいる。

ヨーロッパ最大の人工湖グラハム貯水池は、グレートオーズ川から水を汲み上げ、自然の沈澱と浄化を行う。そのグラハム浄水場は、最大浄水能力三六万m^3/日で稼働しているが、残留農薬、異臭味、消毒副生成物の問題で苦慮してきた。各種の実験から、前オゾン、凝集、沈澱、三層ろ過、後オゾン、粒状活性炭、塩素消毒、クロラミン変換の高度浄水処理を導入した。その理由は、

① 臭味は、活性炭で除去でき、一八箇月から二年の連続使用が可能であるが、農薬の除去では、四〜六箇月で再生が必要になる。前段でオゾンを利用すると、農薬を低下させ、活性炭の寿命を延ばせる。

② 過酸化水素、過マンガン酸カリウムでは、トリハロメタン低下の効果はなく、塩素、モノクロラミン、二酸化塩素、オゾンの順で生成能が低下する。高度浄水処理で二五μg/L以下となる。

③ バクテリアと微小生物の除去には、アンスラサイト、

マルハム浄水場の活性炭吸着塔

砂、ガーネットの三層ろ過が効果的で、濁度に差はないが、原虫の除去は完全となる。

④ オゾン単独で農薬はよく分解し、難分解性ベナゾリンもオゾンと過酸化水素により基準値以下となる。

⑤ 前オゾンは、凝集効果を上げ、後オゾンのオゾン消費量を低下させる。

⑥ 過酸化水素は、後オゾンの前段で必要により添加する。

⑦ 後オゾンは、バクテリア、ウイルス、ジアルジア、クリプトスポリジウムの殺菌と不活化に効果的である。藻の発生防止のために、沈澱池、砂ろ過池の上部にはすべて緑色シートが掛けられている。前オゾンと後オゾンは、おのおの一・五mg/L以下の注入率で、三つに分画された接触槽の前二槽に注入し、溶存オゾンは、〇・二mg/Lで運転する。活性炭は、第一槽が上向流、第二槽が下向流で、活性炭ろ過棟の梁と柱は、木材を利用し、多湿条件での金属腐食問題を避けている。処理結果は、農薬〇・〇五μg/L以下、トリハロメタン一八・二μg/L、臭素酸イオンも五μg/L以下となった。

一方、肥料を多く利用する農業地帯であるため、地下水の硝酸イオン濃度は水質基準を超えている。浄水能力

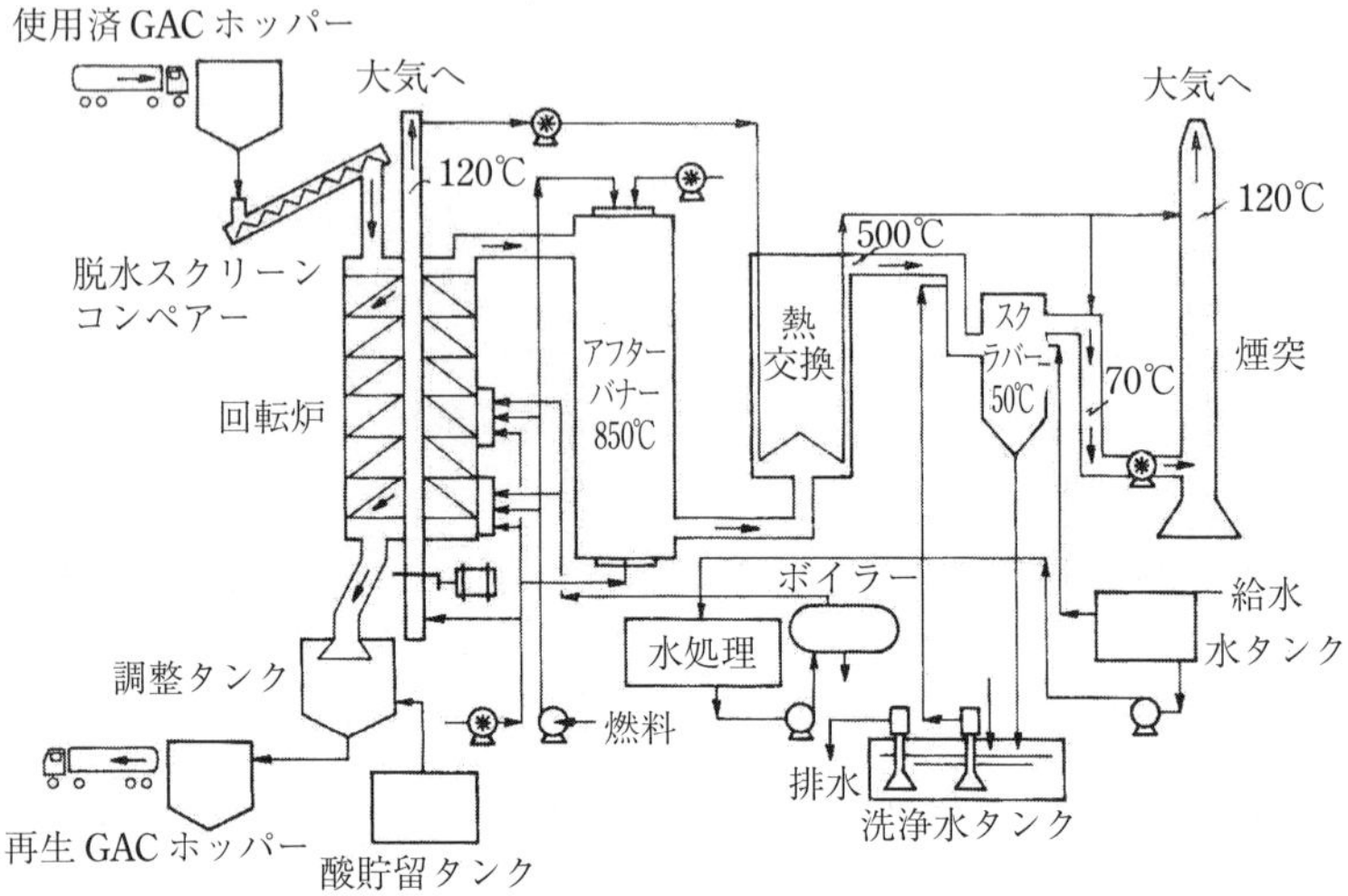

粒状活性炭再生プラント（グラハムカーボン提供）

一万三〇〇〇m^3／日のマルハム浄水場では、操作が簡単で保守項目が少なく、運転条件の融通のきくイオン交換樹脂プラントを導入した。三塔のイオン交換樹脂充填塔に井戸から汲み上げた地下水を交互に通水し再生する方式で、配管内で塩素を添加し、硝酸イオン濃度四五mg／L以下の水として供給している。樹脂再生は、六％食塩水で行い、その再生排水は、塩濃度を測定して川に放流している。一方、河川水を直接原水とする処理系では、グラハム浄水場と同様なフローで運転が行われている。

　水源保護のため、英国で初めてメーターを設置して料金を徴収している。また、オゾンと粒状活性炭処理の導入に伴い、近隣地区の浄水場から使用済み活性炭を集め二四時間連続再生する工場が国内の各地につくられている。

一四 パリ〈充実した高度処理施設と安定供給〉

セーヌ川の両岸に発達したフランスの首都パリ、盆地に広がる面積一〇五km^2の地区に人口約二一七万人で、昼間は市外から約二〇〇万人近くが移動するため、水道水の供給は、約四〇〇万人が対象となる。平均水消費量は七五万m^3/日で、五つの給水池全容量一二〇万m^3に蓄え、送配水管延長一八〇〇kmを通して給水している。

紀元前からセーヌ川のシテ島に人が定住し、ローマ時代にここを中心に都市の建設が進められ、泉の水を都市部に引き込む長さ一五kmの導水路がつくられた。都市の発達に伴い一三世紀にはセーヌ川の水を桶に汲んで市内を売り歩く水売りの姿も見られた。質の良い地下水も利用されていたが、都市の拡大と人口の増加により飲料水源のセーヌ川が汚染され、一八三二年にはコレラの大流行で一万八〇〇〇人以上の死者を出している。

一九世紀の後半に公共水道システムがつくられ、パリも大都市となって水道の水源も変化した。市当局は、一九世紀末にパリから八〇～一五〇km離れた所から地下水、湧水を処理せずに自然流下で引く導水路をつくった。またその後、水道水源としてセーヌ川の河川水を浄化して

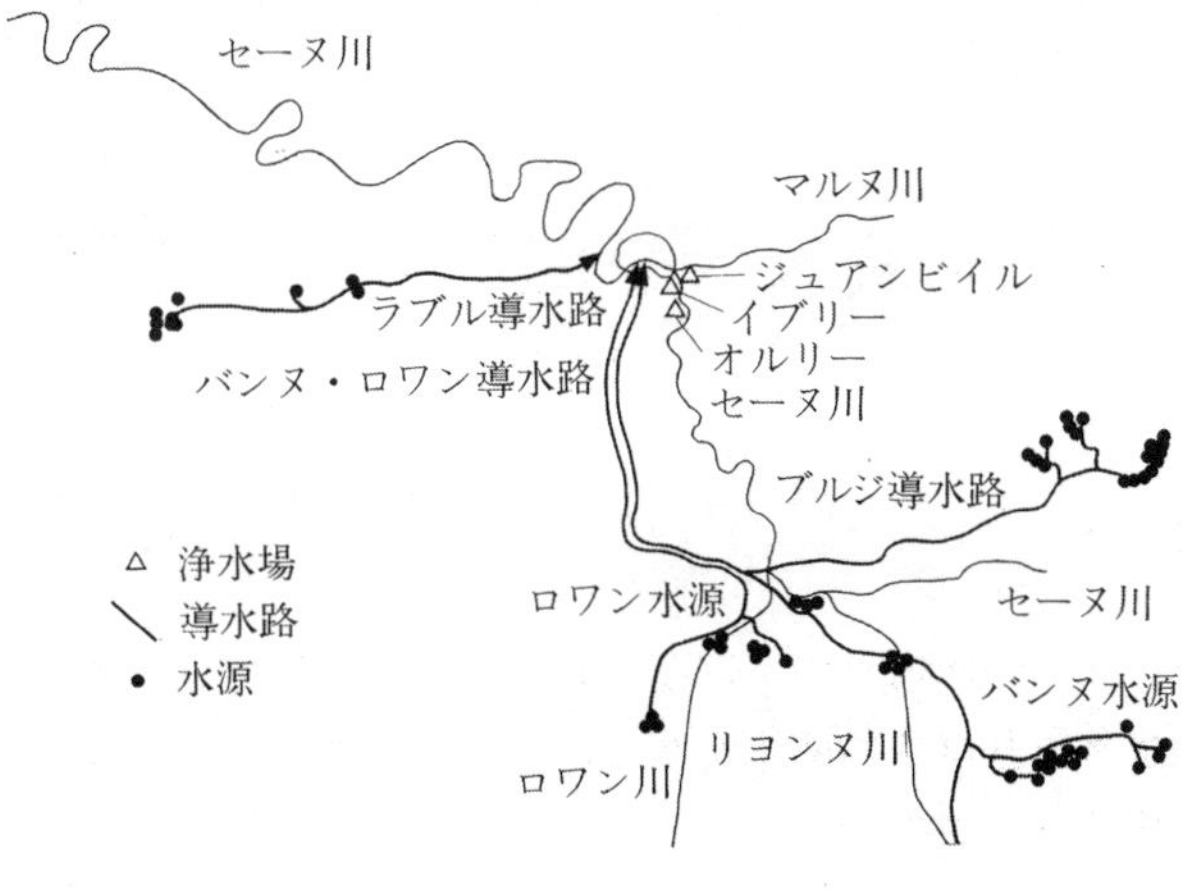

パリ市内の給水状況(サジェップ提供)

セーヌ川

イブリー・シュール・セーヌ浄水場

利用するようになった。一九八四年から水供給の組織化が行われ、パリ市の水供給は、一九八五年一月一日より水道会社のコンパニー・ジェネラル・デ・ゾーがセーヌ川の右岸、ソシエテ・リオネーズ・デ・ゾーが左岸を担当した。

さらに一九八七年、パリ市が七〇%、水道会社二社がおのおの一四%を出資してパリ水道管理株式会社（サジェップ）を設立した。給配水は、子会社のコンパニー・デ・ゾー・デ・パリが右岸、オー・エ・フォルス・パリジェン・デ・ゾーが左岸の給水を担当している。

飲料水の原水の五〇%は、パリから南と西に遠く離れた四八箇所の泉から得ており、水源はサジェップが守り、水は総延長六〇〇kmの導水管を自然流下でパリに運ばれている。一方、河川表流水を水源にする浄水場は、パリ市のセーヌ川上流にオルリーとイブリー・シュール・セーヌの二つと、セーヌ川に合流するマルヌ川にジュアンビイルがある。ここでは、河川表流水を高度浄水処理し、地下水と同質の水をつくり市内へ給水している。三つの浄水場の浄水能力は、おのおの三〇万m³／日で、配管で互いにつながれている。この水源の分散は、パリへの水の安定供給を保証している。

オルリーは、一九六九年に物理化学処理方式で建設され、一九八七年より近代化された。処理は、前オゾン、沈澱、急速ろ過、後オゾン、粒状活性炭、塩素である。

イブリーは、一八九九年に緩速ろ過方式としてつくられ、一九八七年から近代化された。この浄水場は、パリの水供給の要として配水管網につながれている。前オゾン、粗ろ過、前ろ過、緩速ろ過、後オゾン、粒状活性炭、塩素の処理である。

ジュアンビイルは、一九九三年にプラントの再建築が始まり、イブリーと同様な緩速ろ過方式で、追加した処理工程は、春と夏に発生する藻の除去に使用薬品が少なくて済む浮上処理である。処理は、前オゾン、沈澱、浮上、粗ろ過、前ろ過、緩速ろ過、後オゾン、粒状活性炭、塩素である。上流の浄水場に急速ろ過、下流に緩速ろ過を基本工程として、オゾンと活性炭の組合せで浄水処理が行われている。

水需要に対しては、取水・浄水・送配水の制御を行い、さらに水質の厳しいモニタリングと、フランス健康省によって認められた独立した研究所で水質分析を行っている。また、長期にわたって最少のコストで最適なサービスができるよう給水管網の整備などにも投資を行っている。サジェップでは、年間三億m³近くの飲料水を送り、河川水のモニタリング、浄水場間での情報連絡、浄水場の自動化された運転、浄水供給などと信頼性は高いものである。また、平行している配水管網には、四〇万m³／日の工業用水が道路掃除と下水の清掃、公園の水として送られている。地震の心配のない都市で、日本に比べて耐震性はあまり考慮されておらず、浄水設備が斬新的なデザインでつくられている。浄水場の監視制御室も小さく、機能第一に簡単にまとめられている。

一五　パリ郊外〈見学コースにもなる先進の浄水場〉

フランスの首都パリを含むイル・デ・フランス地区、面積一〇〇〇km^2に人口一〇〇〇万人以上。このパリ大都市圏に住む住民がパリジャンと呼ばれている。パリ市中心部を除いて、給水人口は約八四九万人、自治体数一二八〇に対して全部で一九の運営管理会社、組合、公団が水道水を供給している。大手は、サンジカ・デ・ゾー・デ・イル・デ・フランスの約三九七万人、自治体数一四四と、リオネーズ・デ・ゾーの約一三三万人、自治体数二三四である。

水の浄化と供給は、一九八五年より二つの大会社、コンパニー・ジェネラル・デ・ゾーがセーヌ右岸、ソシエテ・リオネーズ・デ・ゾーが左岸を担当してきた。ジェネラル・デ・ゾーは、パリを囲んでセーヌ川上流のショアジー・ル・ロワ、東のマルヌ川のヌイー・シュール・マルヌ、西北のオアーズ川のメリー・シュール・オアーズの三大浄水場を稼働させ、浄水をサンジカを通して給配水している。最大浄水能力は、おのおの八〇万m^3／日、八〇万m^3／日、三四万m^3／日である。一方のリオネーズ・デ・ゾーは、セーヌ川上流のモルサン・シュール・セーヌ浄水場を主として南部に給水してきた。現在、イエールの伏流水、ウーベルジョンヴィル、ビリー・シャティヨン、ビニュー・シュール・セーヌの浄水場も含めて合計四五万m^3／日を給水している。

この人口密度の高い地区は、ほとんどセーヌ、マルヌ、オアーズ川の水に依存していて、工場が多く、汚染事故の危険性の高い河川表流水から安全な飲料水をつくる高度な水処理技術と水管理が必要とされた。一九五〇年代の緩速ろ過を急速ろ過へ、その後、オゾン処理を開始し、約一四年間、急速ろ過とオゾン処理で塩素の添加なしに水道水が供給されていた。一九六〇年代後半、河川水の有機物とアンモニア性窒素が増加し、塩素により臭味は低下し、粉末活性炭の使用量も多くなった。トラック事故、化学薬品の混入、下水処理場のストライキ、河川の改良工事などにより原水の水質は悪化し、浄水場は、運転停止に近い状態となった。水需要の増加に対して、多段のオゾン処理と恒久的な粒状活性炭の使用で対処した。

ショアジー・ル・ロワ浄水場は、前オゾン、凝集沈澱、砂ろ過、後オゾン、粒状活性炭、後塩素の処理で、オゾン注入量は、おのおの一・〇、二・〇mg／L、トリアジンがあると、過酸化水素を添加してオゾンを二倍注入する。大型のオゾン発生器が一六台も並んで、活性炭池の建物は風通しが良く、光が入らないように工夫されている。

オワーゼ浄水場は、一九一一年に緩速ろ過でつくられたが、一九六二年から変更され、一九八〇年に容量三九万m³の池をつくり、前オゾン処理の河川水を一・五～三日間放置し、アンモニア性窒素六〇％、濁質五〇％、病原性細菌九〇％を除去した後、薬品添加、凝集、沈澱、砂ろ過、中オゾン、粒状活性炭、後オゾンの処理と三段のオゾン処理を実施してきた。近年、一部にナノフィルターによる膜処理を導入して無機塩濃度を低下させ、ソフトな飲料水として大々的に宣伝している。世界最大の膜の浄水場で、膜処理能力は、一四万m³／日で既設処理と合わせ全浄水量三四万m³／日である。

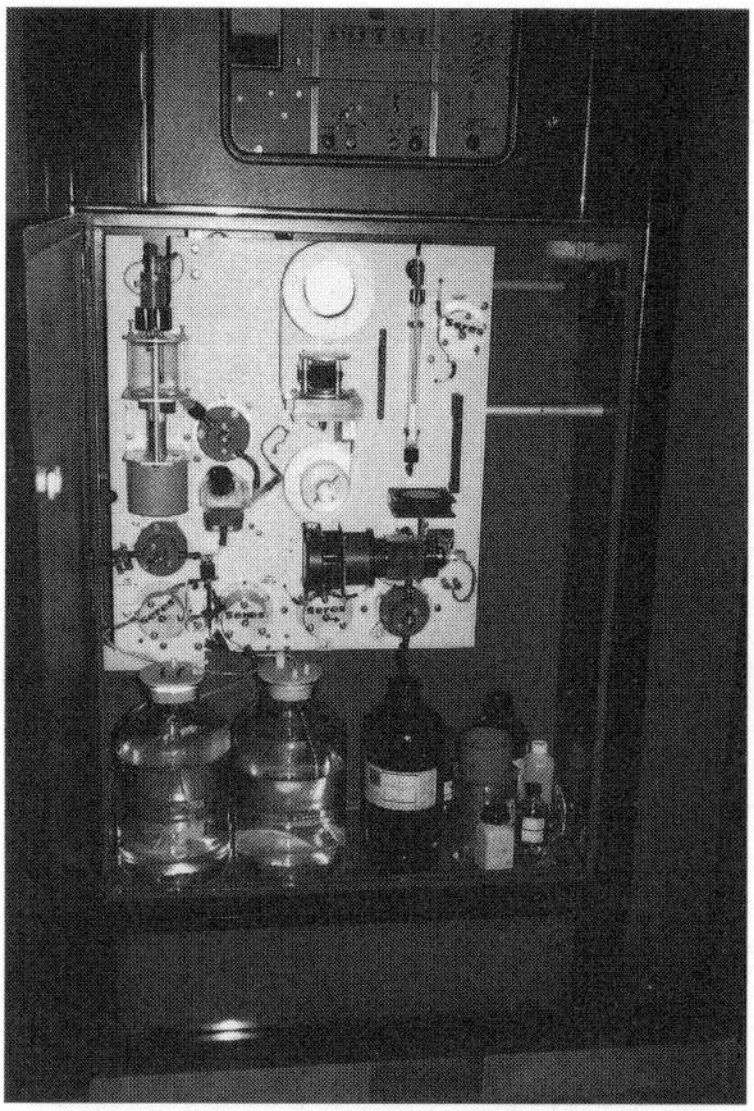

セーヌ川河川水の原水モニタリング
（フェノール，重金属）

モルサン・シュール・セーヌ浄水場では、三系列の浄水工程が順次、凝集沈澱、砂ろ過、オゾン、粒状活性炭の各種組合せで建設されてきた。農薬が存在する時は、オゾンの前段で過酸化水素を添加し、塩素は〇・〇五mg／L残留させている。主に夜間電力を利用し、浄水能力は二二万五〇〇〇m³／日である。

ビニュー・シュール・セーヌ浄水場は、一九九七年より中空糸UF膜を用いた表流水の処理場として、リオネーズの最新設備の陳列場となっている。処理は、凝集、沈澱、粒状活性炭、オゾン、粉末活性炭、前ろ過、UF膜、塩素添加のフローである。オゾン処理は下向流接触方式で、農薬など有機微量汚染物質は一〇〇％、溶存有機物九〇％、無機塩類は〇％の除去率で、浄水能力は五万五

モルサン・シュール・セーヌ浄水場内の教育

〇〇〇m³／日である。

その他、セーヌ下流の水道会社ゼエヌビリエのモント・ヴァレリアン浄水場からは、一一万五〇〇〇m³／日が給水されている。原水水質の監視は、炭化水素、フェノール、重金属と魚で行い、従来の砂ろ過、緩速ろ過からオゾン、凝集、生物ろ過、オゾン、活性炭の処理に切り替えている。粒状活性炭は、上向流下向流の二段処理である。また、一七世紀末のルイ一四世の時代に給水システムがつくられたヴェルサイユ地区は、近くの自治体がルーブシェネ浄水場を新しく建設した。ここでは、セーヌ下流の伏流水を汲み上げ、池に貯留してから浄化する。前オゾン〇・五mg／L、硝化、後オゾン一～一・五mg／L、活性炭、残留塩素の添加である。浄水能力は、一二万m³／日、途中で生物活性を上げるためリン酸が添加されている。

パリでは、オゾン処理、活性炭処理、生物処理、膜処理の組合せで河川表流水から飲料水が供給されている。シャンゼリゼ通り、エッフル塔、ルーヴル美術館以外に多くの浄水場が水道関係者の見学コースとなる。

一六 マルセイユ〈フランス一の水道水質を誇る〉

地中海に面したフランスへの玄関口として古くから発達したフランス第二の都市で、水道は民営化されている。市人口約八〇万人と一〇〇〇~四万人の近郊六〇の町村も含め、給水人口は約一四〇万人である。ソシエテ・デ・ゾー・デ・マルセイユが上下水道、公共事業を行っている。従業員は八〇〇名で、資本はビバンディーとリオネーズ・デ・ゾーの五〇対五〇である。親会社のジェネラル・デ・マルセイユは従業員二五〇〇名である。

水源は八〇%以上が河川水で、北部約四〇kmのアルプスの南から東西へ流れるラジュランス川上流から取水して途中二つの大きな貯水池を通し、フランス南部へ流れるマルセイユ運河からスクリーンを通して引き込んでいる。

大きな浄水場三つと小さな浄水場一つがあり、浄水能力最大のセントゥ・マルテ浄水場は、浄水能力四二万m^3/日である。この浄水場は、品質の高い豊かな水を得るため絶え間ない改良を行ってきている。一九三四年に浄水能力一七万三〇〇〇m^3/日で建設され、その後改良されて、一九六〇年に最大四五万m^3/日を記録している。二万八〇〇〇万m^3の浄水池を持ち、一九七〇年に砂ろ過の自動洗浄、一九八二年にオゾン処理と研究センターを建設し、一九八六年以後テレグラムによる自動化を進めている。自動制御は、原水の水質、濁度、浄水工程の塩素濃度、オゾン濃度、残留オゾン濃度、浄水池の水位、浄水場からの流量などを管理し、運転員とのモデムによる連絡も行っている。

処理は、物理化学処理を主体として、はじめにスクリーンで木の葉などの浮遊物の除去している。前塩素を約一mg/L、凝集剤の塩化第二鉄約五mg/Lと助剤の可溶性デンプンをそれぞれ添加し、六列のフロック形成池(一池三〇〇〇m^3)に送っている。沈澱池は、表面積四万五〇〇〇m^2、容量四五万m^3で、滞留時間一〇~一二時間で、沈澱池の上澄みを砂ろ過一一池(一池表面積二〇〇m^2)へ流している。その後、ケイ砂粒径一~一・四mmの砂ろ

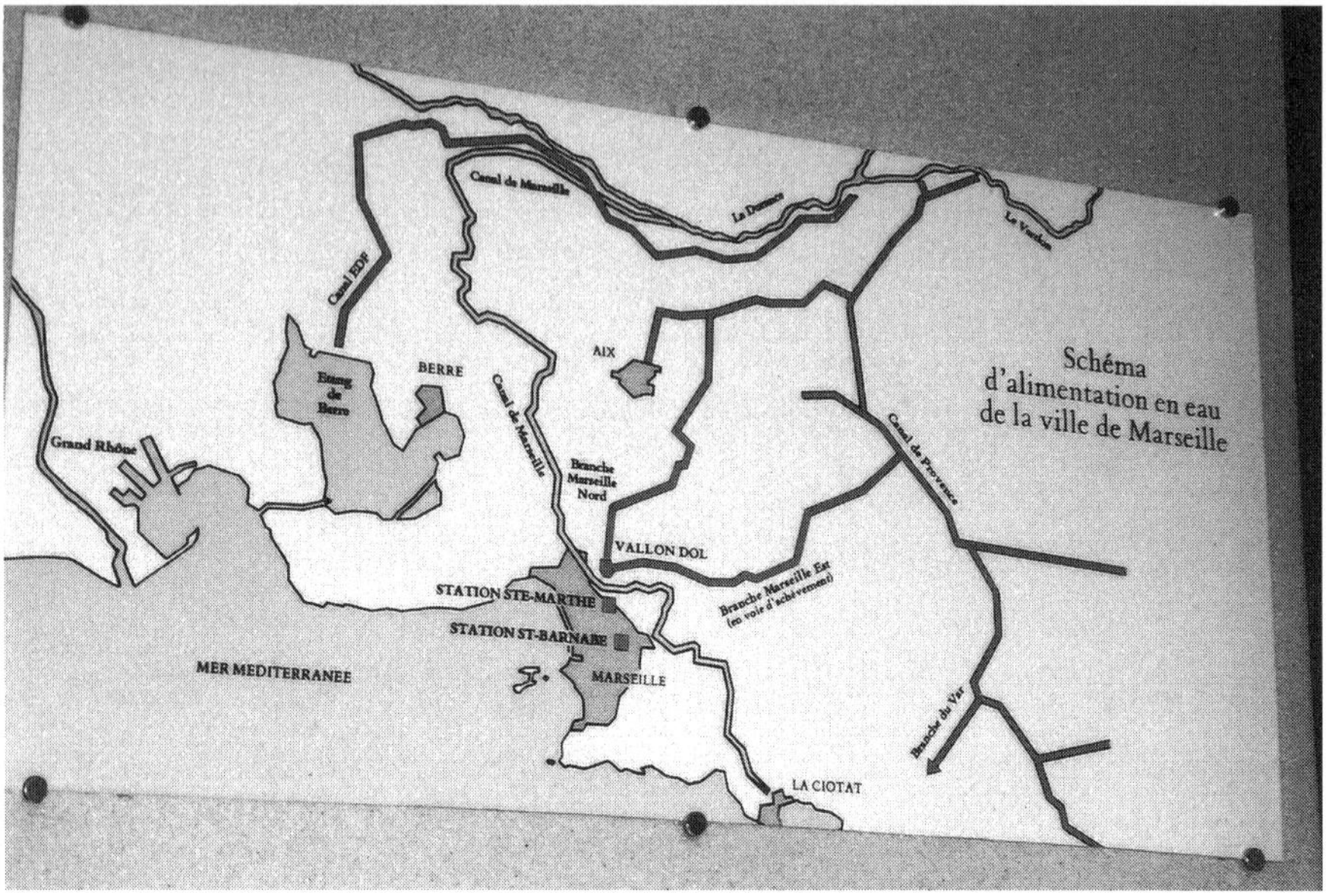

南アルプスの水をマルセイユ運河を通して導水

過層を八ｍ／ｈのろ過速度で通して、ろ過水池（容量二万八〇〇〇m^3）に送られる。

最終の処理は、空気を原料とする八kg／hのオゾン発生器三台、二系列一八〇〇m^3の接触槽で、殺菌およびウイルス対策として接触時間一〇分、オゾン濃度〇・四mg／Lの処理を行う。オゾン接触槽には、鉄、マンガンの汚れはなく、オゾンを止めると、水の色は藻によってグリーンとなり、オゾンを入れブルーの色が保てる。浄水の給配水における水質を保つため、後塩素〇・二mg／L添加し、浄水池へ送る。

浄水場の通路の壁には、西北四〇km上流に一〇〇年前につくられた長さ三〇〇ｍの水道橋の写真と、上流域の工場から河川に赤く着色したモデル工場排水が流れ出ている写真が掲げられている。危険予知として工場からの汚染の可能性を強く意識させている。

研究センターでは、微生物試験、ミジンコによる水質評価などが行われ、飲料水は実験室の蛇口から自信をもって直接出される。

ある雑誌社がフランス三七都市の水道水質を硝酸イオン、農薬、鉛、カドミウム、水銀、硬度の各項目で比較した結果、マルセイユが最も優れた水道水であることが

巨大な沈澱池

フランスで一番の水道水質

判明し、現在、金色の蛇口から流れる出る水道水をポスターとしている。

朝早く、あちこちの道路際から水道水が道路へ流れ出てゴミを下水溝へ流している。街の給水配管には消火栓と道路用の弁が付いており、市が二〜三日に一度、道路を順番に洗っている。道路以外に市場の洗浄にも水道水が利用され、港町として歴史的に展開した都市の水利用を知ることができる。

一七　ルアン郊外〈硝化菌の生物活性炭を利用した世界初の浄水場〉

セーヌ川下流の都市ルアンの南部郊外、地区の給水人口は約一〇万人である。ルアンは、パリからセーヌ川がイギリス海峡へ流れる途中、大きく流れの蛇行する地区で、途中に石油タンクが設置され、重油、化学薬品などを運ぶタンカーが往来している。

古くは直接井戸水を利用していたが、河川水の汚染の影響を受け、次第に水質が悪化した。セーヌ川の伏流水から洗剤、炭化水素類、クロロホルム、フェノール類、COD成分が検出されるようになり、その後も、アンモニア性窒素、鉄イオン、特にマンガンイオンが検出されるようになった。また、溶存酸素の減少に伴い味が悪くなり、亜硝酸イオンが検出されたり、土臭、カビ臭がするようになった。

対策として、各種のプラント実験が行われ、一九七六年に四段の浄化方法、つまり前オゾン処理、砂ろ過、活性炭との二層ろ過、後オゾン処理を行う方法で、浄水能力五万m^3／日、最大浄水能力一〇万m^3／日のチャペル浄水場が完成した。

地下水の水温は、六～一七℃である。直径一m、深さ三五mの井戸三本から地下水をポンプ三台、七五〇～一一〇〇m^3／hで汲み上げる。三列（各七五〇m^3／h）の前オゾン処理で、鉄イオン、マンガンイオンの酸化と地下水の溶存酸素濃度を増加させ、アンモニア性窒素の生物酸化、特に好気性微生物の活性を高めている。砂ろ過六列（厚さ一m）、ろ過速度四・八四m／hで、鉄、マンガンの酸化物を除去し、硝化細菌の増殖に好ましい条件としている。活性炭ろ過六列（厚さ〇・七五m）、ろ過速度四・八四m／hで、残留する微量の有機化合物を吸着し、また、オゾン処理により生成した分解有機物とアンモニア性窒素の完全硝化で硝酸イオンを生成させている。三列（各七五〇m^3）の後オゾン処理として、味、臭い、色度の改良とウイルス不活化を含めた消毒を行っている。オゾン発生器は、空気を原料とし、三台、全発生量五・七kg／hである。

容量二五〇〇m³の浄水池より、残留塩素〇・五mg／Lの浄水として、中間位置にある貯水池（八〇〇〇m³）、高位置にある貯水池（四〇〇〇m³）へポンプで送水される。貯水池の水位レベルから浄水場は自動で運転され、浄水は、直径四〇mmと七〇〇mmの配水管網三四〇km以上と、給水管約二万三〇〇〇本、一二三kmを通してルアン市南部郊外の消費者へ送られる。

砂ろ過池の逆洗

前オゾン処理は、後オゾン処理の排オゾンガスを同時に送り込める方式で、前オゾン〇・七mg／L、後オゾン一・四mg／Lの注入率である。残留オゾン濃度の測定は行わず、流量で運転制御されている。保守点検中の前オゾン槽の内部を覗くと、上部内面には、酸化鉄、酸化マンガンの沈澱物が茶色く付着している。

屋外にある砂ろ過槽の水は澄んでおり、バクテリア、藻などの生物障害は全く認められない。自動逆洗浄で鉄、マンガンの酸化物が洗い出され横の樋へ流される。

活性炭ろ過の活性炭には微生物が生育し、生物活性炭となっている。活性炭の逆洗浄を通常行わず、アンモニア性窒素の硝化を行う生物活性炭を利用した世界で最初の浄水場である。

運転開始後四〇箇月の水質結果では、アンモニア性窒素、亜硝酸イオン、鉄イオン、マンガンイオン、洗剤、フェノールに関して一〇〇％の除去率が得られている。

浄水場入口には、大きな船の碇がモニュメントとして置かれている。

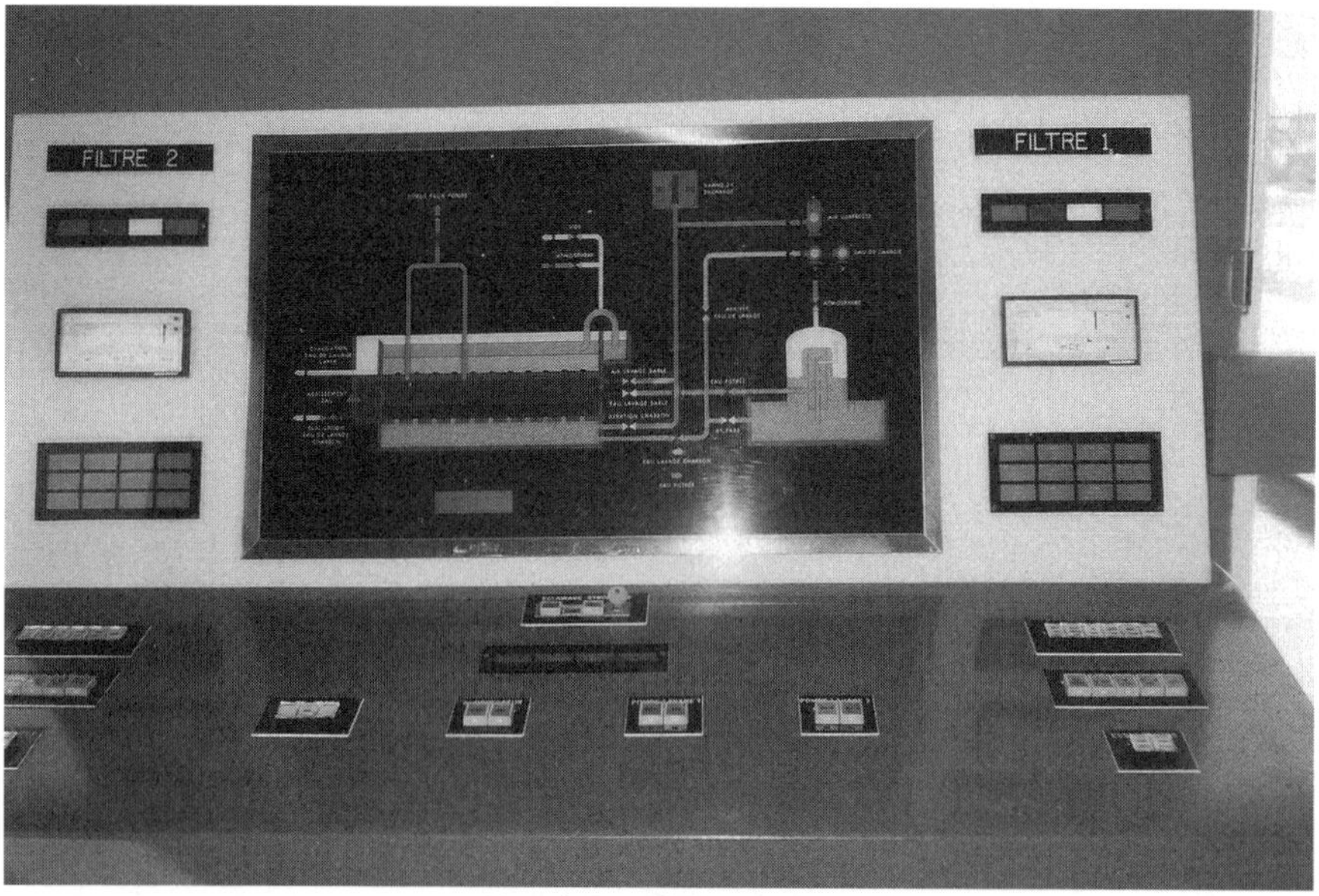

地下水を四段階で処理

一八 ボルドー〈ミネラルウォーターと全く同じ浄水〉

フランス西南部アキテーヌ地方ジロンド県の首都ボルドーは、ジロンド河口より一二〇km、ガロンヌ河口に近く、人口は二一万人、ぶどう酒、農産物の集散地である。ボルドー市と近郊の二二市町村の五七万人へ総配管長三〇〇〇kmを通し、最大能力二八万m^3／日の給水が行われている。水源は、すべて地下水である。

一八一八年から各種の民営化が行われ、上下水道事業は、一九九二年から三〇年契約で運転管理も含めリオネーズ・デ・ゾーが担当した。普及率は、上水道で一〇〇%、下水道で九九・九%であり、ボルドー地区には職員六〇〇名が上下水道と雨水排水の分野で働いている。

ちなみに、フランスでの普及率は、上水道で九九・九%、下水道で四〇~四五%である。水消費量は、一五〇~二〇〇L／日・人である。蛇口での水質は、水会社グループでつくる硝酸塩、農薬、微生物、残留塩素、カルシウム硬度の五つの項目で評価されている。

ボルドー市は、一〇〇年来の豊かな水源、ビュドー、テヤン、キャップ・ド・ボから取水してきた。四箇所の水源と二箇所の回廊からそれぞれ延長四二、一二、九kmの大きな石造りの三本の導水管で送られ、現在の飲料水の三分の一を占めている。二〇世紀になって都市の拡大に伴い地下水層に何百の井戸を掘ってきた。深井戸四七本が海面下二〇〇~四〇〇mの始新層、四三本が海面下五〇~一五〇mの漸新層からの採水で、市の給水の三分の一を占めている。残りの三分の一は、他の一〇本の井戸からである。泉の水である湧水でも土砂が含まれる場合は、凝集と砂ろ過で処理している。また、井戸の一四~一五本をまとめて砂ろ過を行い、二酸化塩素の添加を行う。井戸の水に赤水が出る地区では、三〇~四〇箇所で井戸水を曝気し、生物ろ過を通してから二酸化塩素〇・一~〇・二mg／L添加している。パイプ腐食の赤水は、一九八〇年より配管の更新を行い減少させている。塩素から二酸化塩素への切り替えを行い、その他にはポンプ場、貯水池、送水管、浄水場の設置を行ってきた。浄水

コントロールセンターの内庭

場は三箇所、鉄分除去の装置は五四箇所、塩素添加は三五箇所、貯水能力としては一三箇所の貯水塔と一五箇所の地上の貯水池に合計一二万m^3で、ポーラン通りにコントロールセンターがある。

浄水は、ミネラルウォーターと全く同じで、殺虫剤は全く検出されない。EU規格では六四項目の基準を満たさなければならず、現在では水道水は、世界で一番規制が厳しい飲料といえる。ガロンヌ川の右岸と左岸北方では、硫酸塩、フッ素の多い水が出るため、ティルとビュドーの水源から左岸、右岸で水を混合し配水することにした。その他、大部分は簡単な鉄分除去と塩素の注入が行われるだけで、ボルドー市民に供給されている水道水の水質はきわめて良い。その水質を保つため、

① 長期間不在後の配管内の淀んだ水を飲まないこと、
② 鉛は屋内配管の劣化により流出するので、数Lの水を出してから利用すること、
③ 閉じたタンクに冷やして保存し、一日以内に使用すること、
④ 維持が悪いと危険なため、軟水器、浄水器で処理しないこと、

⑤ 飲料と調理用には、熱い湯より冷たい水を選ぶこと、が重要である。

コントロールセンターでは、二名で全ボルドーと近郊水道の水圧、水量、濁度を二四時間監視している。消費者相談は、六〜七名が電話に対応している。セキュリティーのため、出入りはカード方式で、三重にチェックされている。

水道事業のコンセッション契約の大切な条件の一つとして、契約期間に投資計画を策定し実施する「給水計画一九九二〜二〇二一年」がある。その内容は、

ⓘ 水質を改善し、汚染を除去し、消費に最適な水を永続的に供給する、
ⓘⓘ 貴重な資源である水の節約に心がけ、天然資源を保全する、
ⓘⓘⓘ 人口密集地区に対しても配水の確実性を保証する、
ⓘⓥ 市当局から引き継ぐ設備を近代化する、

などである。

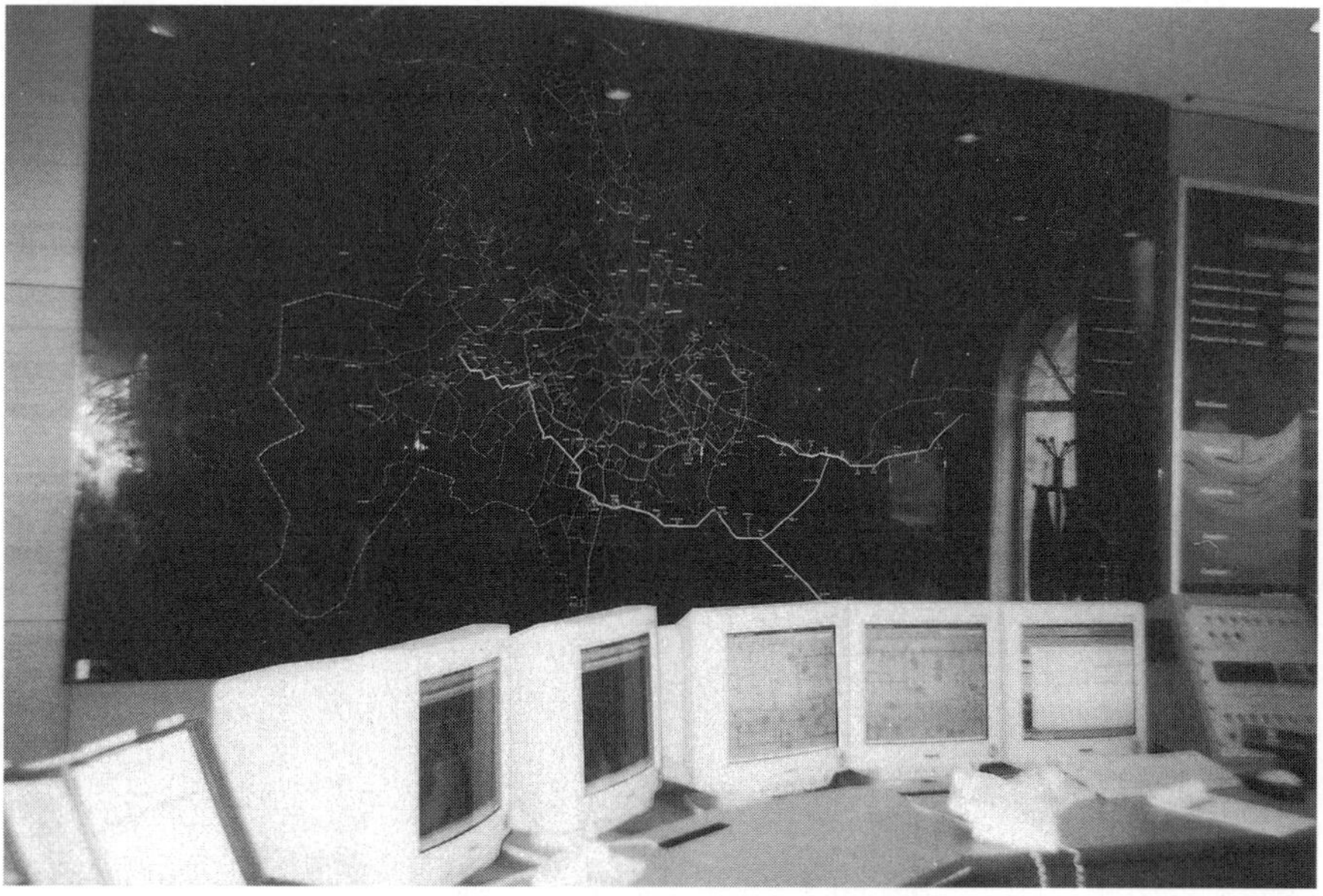

コントロールセンターの中央監視装置

一九　レンヌ〈二〇〇〇年を超える歴史を持つ水道〉

パリから西へ三五〇km、イル川とヴィレーヌ川との合流点にあるレンヌは、人口約二五万人のブルターニュ県の首都である。市の北東と北西との導水管からは最大五万五〇〇〇m^3／日の浄水が、また西南のサン・テュリアルのシェーズに建造された容量一四五〇万m^3のダムからレンヌ北西郊外にあるヴィルジャン浄水場へ原水が送られ、ここで七万五〇〇〇m^3／日が浄化され、約九〇〇kmの配水管網から市民へ給水されている。市の周囲には工業地帯があり、浄水場ではオゾン処理が運転されている。

レンヌは、紀元前五〇年のガリア時代にレドニアンの砦、海上輸送の交差点、情報伝達の要の重要な地点であった。わずかの遺跡しか残っていないが、一世紀頃にはローマの導水路があった。一五世紀ほど経って首都となったこの都市は、川や井戸から必要な水を引いて発展してきた。一六世紀に北部郊外のパロワッス・サン・グレゴリーの豊かな泉から水を引き、公共の泉に新鮮な水を供給すべく、鉄と鉛で繋いだ木製の水道管が計画された。

しかし一七二〇年に大火災が発生し、水の供給のことは忘れられていった。一七二七年に建築家ガブリエルは、水道設備の建設に取り組んだが、長引く市議会の怠慢から水道に関する決定はいつも先送りされていた。一八四八年に歴史家のマルトゥヴィルがこの市議会の情況を明らかにした。原因は、公共井戸から水を配達する業者が自分たちの権利を守るためわざと遅らせていたのであった。一八七八年になって市議会は、市の北西に位置するミネットゥとロワザンス川の源泉から導水する権利を得た。しかし源泉は、フジェールの領域にあったので、工事はその後一八年も延びてしまった。市当局は、一八八〇年に水供給事業の建設および管理をジェネラル・デ・ゾーに委任し、通水式が一八八二年七月に行われた。六万人の住民を抱えたレンヌは、やっと公共供給の飲料水を受けることができるようになった。それから一〇〇年以上もの間、人口増加や水需要を見越して、市から要望があるたびにあらゆる措置が講じられ、事業は四つの過程

茶褐色のレンヌの運河

を経て進められてきた。

第一の導水管は、一八八〇年から開発されたフジェールの西、ミネットゥとロワザンス川の渓谷ならびにそれに続く一三の渓谷からの湧水を一定の間隔で取水した。取水量は、一万二〇〇〇m^3／日で、渇水期には八〇〇〇m^3／日に減少する。三八kmのレンガ造りの導水路を通って、町の北東にある直径八mの丸天井を持つ大聖堂のあるガレの貯水池へと流れる。

第二の導水管は、一九三三年頃に北方のクースノンの源泉に求めた。現在の平均取水量は、一万八〇〇〇m^3／日で、乾季には著しく減少する。水質が悪いので、メジエールに浄水場を設置し、浄水は、第一の導水管を通って送られる。

第三の導水管は、北西にあるロフェメルのダムとランスにつくられた貯水池の水を現地で最大三万m^3／日を浄化して、直径七〇〇mmの配管を三八km流れ、市の北西にあるビユジャンの貯水池に水を送り込んでいる。

第四の導水管は、レンヌから西南へ一五km、ブィレーヌの支流ムー川に水源を選んだ。ムー川には、カニュ川、シェーズ川、スラン川、ロウエ川が流れ込み、全体では、パンポンの森林群まで広がる七五〇km^2にわたる流域の水を集め、ダムから原水をレンヌ北西郊外にあるヴィルジャン浄水場へ送り浄化されている。多くの浄水場に比べ、ここでの処理は複雑で、凝集、フロック生成、沈澱、ろ過した後に、オゾンで殺菌して、ポンプで配水系へ送る。フロック生成と沈澱は、円形のクラリファイヤーを用いマイクロ砂を添加してフロックを生成させる方式で、滞留時間は三〇分以下で処理される。

フランスにおける飲料水供給は、地方自治体の管理下に置かれた公共業務で、オゾン処理は、フランスの水処理会社によって認められた殺菌技術である。レンヌ市や近隣の多くの市町村は、この業務の管理を専門会社ジェネラル・デ・ゾーに委任し、常に飲料水に定められた基準に適しているかどうかを確認を受け、管理されて供給されている。

オゾン発生装置の空気供給部，冷却水熱交換部

二〇　リヨン〈水バリアーと待機中の浄水場で危機管理〉

フランス第三の都市リヨンは、ローヌ川とソーヌ川との合流点に紀元前から発達した都市で、最大五五万m^3／日の浄水が大リヨンの五四地区、約八九万人へ全長四四〇〇kmの配管本管と二次配管を通して供給される。リヨンの中心から五kmの所に水源地として保護された四〇〇haの集水地域があり、一一四本の井戸から地下水を汲み上げ、二つのポンプ場で塩素〇・一mg／Lを添加して給水管網に送られている。給水は、ジェネラル・デ・ゾーが三三地域、他の二協会が二二地域、組合が一地域を担当している。九〇％の地下水は沖積層から、一〇％が他の地層から得られ、水質の問題は何もない。毎週、多くの地点で一五〇件もの試料を採取して細菌学的な試験と物理化学的分析を行っており、住民は全く安全な飲料水が飲むことができ、赤ん坊や幼児にも無条件で飲ませることができる。

リヨンは、紀元前四三年に建設されたローマの植民地で、交易ルートの合流点として紀元初期にガリアで最も繁栄した都市となった。ローマからの移住民到着の二〇年後に、モンドールの高架導水路がつくられ、次にイゼロン、ブルヴェンヌ、ジエの三本の高架導水路が一二〇年のハドリアヌス皇帝の時代に完成された。ジエの美しいアーチの並びがリヨン大学に残り、人間の知識の水理学と地形学の人類の知識を芸術的な規模で表現している。中国の万里の長城に相当するローマ時代の地球上の巨大な建造物である。七万五〇〇〇m^3／日の水を送る二五〇kmの導水路により、リヨンの給水システムは、古代ローマに次ぐ第二位の大きさであった。ローマ帝国の滅亡により破壊され、以後、住民は井戸と泉で生活した。

一八三三年、ガルドン社がいくつかの貯水池に四七五m^3／日の水を送る水車をセントクレア橋の下を流れるローヌ川に設置した。その免許が一八五三年に消滅し、担当長官が八月に市内の給水をジェネラル・デ・ゾーに委託した。内容は、四年以内にローヌ川の沖積層から引いた水から二万m^3／日の飲料水を供給し、送水管網を敷設し

リヨン市の配水管網

て一二〇以上の公共の飲用噴水を建設するという条件であった。セントクレアに蒸気機関のポンプを設置し、モンテッスイ貯水池に水を送りった。今、この機関は、一九世紀の産業革命の数少ない歴史的遺品となっている。蒸気ピストンポンプは、電動の遠心ポンプに変わり、集水地は拡大されたが、いまだローヌ川の沖積地下水面から引いた水を供給している。一台は一九七一年にクレピュに、他の一台は一九七六年にクロワ・ルイゼに設置され、運転を開始した。

水質の良さは、水源地の優れた浄化能力とローヌ川上流の汚染が少ないためで、誤って化学品が放流されても、沖積層の生物学的メカニズムで浄化された。しかし、このような事故確率は、過去二五年間に著しく増大した。リヨンの上流に化学プラントや原子力発電所が数箇所に存在し、川を横断する大口径のパイプライン、および有毒物質、可燃性物質を運ぶトラックの通路があり、水源が汚染される可能性が高くなった。これらの事情から、大リヨン審議会は、ミリベル・ジョナージュ湖から浄水を緊急供給できる設備を建設することとなった。

この湖の環境はきわめて良好で、排水など流れ込まず、浅くて十分な日光により自然浄化が促進されている。湖水に塩化第二鉄を添加してフロック生成し、前オゾンを微小な気泡で注入して酸化しながらフロックを浮上分離する。次いで砂とアンスラサイトの二層ろ過を通し、最後に六分間のオゾン殺菌を行う。この緊急施設の能力は、一五万m^3／日に固定され待機しているが、相当な余裕がある。

水の自動監視施設は、リヨンから一五kmの地点と水源地入口にある。ポンプを停止することで、ローヌ川の汚染水の流入、地下水面への吸込み、給水池への流入も遮断できる。自然の保護機能の水バリヤーにより、きわめて効率的に地下水面が川からの汚染を閉め出す。ポンプは、川の汚染物が通過し、十分に希釈されるまで停止し、この間は緊急用のラパプ浄水場を運転することになる。

ラパプ浄水場入口

二二　ニース〈二つの方式を持つ集中管理された近代的な浄水場〉

ニース市は、天使の湾コートダジュールに面した都市である。地中海のリゾート地、オゾン処理誕生の地としても有名である。

流れ込む川の河口部分は、コンクリートで広く覆われ、上部はマセナ広場、アルベール一世公園、博覧会場などに利用されている。この川の上流地区の湾を見渡す高台に浄水場がある。近くの南アルプスの山々が惜しみもなく自然の資源である水を送ってくれる。原水は、三〇km上流のサン・ジャン川で取水し、一五kmのヴェジュビー運河を通して導水し、バー川の原水も利用して、市の人口約三五万人に約一〇万m^3／日を給水している。

一九〇六年、ニースの人マリウス・ポール・オットーが浄水のオゾン処理システムを考案、平板タイプのオゾン発生器を発明した。一九〇七年にジェネラル・デ・ゾーにより初めての連続オゾン処理を行う浄水能力一万七〇〇〇m^3／日のボン・ボワイヤージュ浄水場が建設された。一九〇九年、第二の浄水場が一万三〇〇〇m^3／日でリミエに建設された。一九二五年、水消費の増大により三番目の浄水場が一万三〇〇〇m^3／日の能力でサン・ピエール・ド・フェリックに建設された。その後、リミエ浄水場を三万m^3／日の能力に増大させ、一九六九年に近代化により三つの浄水場をここへ統合した。一九七二年、浄水能力九万m^3／日のスーパー・リミエ浄水場を完成し、一九九九年には浄水場の拡張部分を完成させ、最大浄水能力を一五万m^3／日へ向上させている。

水源上流には農業と工業はなく、小さな村があり、排水処理を行っている。雨により五時間ぐらいで濁度が上がる。原水水質は、二箇所で監視保証され、容量五万m^3の貯水池から新旧の処理系統へ送られる。新方式は、二酸化炭素あるいは炭酸ソーダによるpH調整、泥・マイクロサンド添加、凝集剤添加、緊急時粉末活性炭添加、フロック助剤添加の後、傾斜板で二〇分間泥とマイクロサンドを回収する。新方式は、マイクロサンド添加で凝集性を上げ傾斜板を利用する方式で可動部が多くエネルギ

塩素系薬剤による砂ろ過池の洗浄

ー消費と騒音が無視できない。旧方式は、二酸化炭素あるいは炭酸ソーダによるpH調整、凝集剤添加、フロック助剤添加、横流タイプの沈澱池を二時間で通過させる。

新旧の各処理水を混合の後、砂ろ過、オゾン処理、オゾン放出、炭酸ソーダによるpH調整、水質分析を行い、浄水池に貯水し、その後配水する。なお、オゾン停止時は、塩素の添加が可能である。オゾン処理は、オゾン濃度二二g／m³、注入率一・七mg／L、溶存オゾン濃度〇・三六mg／Lで、接触時間は六分ぐらいである。オゾン発生器は、容量七・五kg／hが二台あり、メンテナンスはOTV社が実施している。

偶発的な汚染事故に対しても、市民に水の安定供給を保証するために、オゾン処理によりウイルスの不活化、完全消毒、色、味、臭いの除去を行い、超高速傾斜板を利用して砂に付くフロック量を一〇倍に増加させ、処理速度を六倍の速さにした。この浄水場は、プラント以外にも幅広く制御しているため、昼間八名、夜間一名が常駐している。塩素は通常は利用せず、冬季の寒い時には蛇口からは溶存オゾンが出る。季節による水量変化は一割程度で、観光地でも人口変化が少ない。サントロペなどでは人口変化が大きく、夏の水不足が問題となる。

他に、ニース市西側の河川三〇kmのバンクフィルター から一〇本の井戸で、九万m³/日をオゾン処理のみで給水するモレノ浄水場がある。また、都市の洗浄、潅漑用水として河川上流でスクリーン通過の後、塩素のみを添加して約三万m³/日の水を引いている。塩素添加は、使用ミス防止のためである。

街のレストランでは、テーブルウォーターが大きなガラス容器に入れられている。ニースの水消費は、平均二五〇L/日・人で、七%が飲食、九三%が洗浄と衛生である。

浄水処理設備は市の所有であるが、ビベンディが運転を行い、市民の水道への苦情も会社へ向けられる。

オゾン処理水流出部

レストランのテーブルウォーター

二三 トリノ〈トリハロメタン値は一〇〇%の達成が必要〉

トリノ水道局アツィエンダ・アックエドット・ムニチパーレ・ディ・トリノは、一般家庭八一・二%、工場一二%、公共六・八%の割合で年間一億八五九六万m³の浄水を市民一二〇万人に給水している。浄水の二〇～二五%は、ポー川の表流水をポー浄水場で処理したもの、七〇%は、市から一〇～一五km離れた水源保護地区からの地下水、残りは、サンガーノの地下水を深さ一〇～一五mの回廊から四〇〇L/sを得て、石造りの導水路約一一kmで市内に送水するものである。また、約五〇kmのフランス国境近くの谷にあるピアンデッラムッサ湧水を一三箇所の中間タンクを通しても市内へ送っている。これら導水路の合計約一四〇kmは、すべて道路を避けた地下に設けられている。他に井戸としての浄水場は八箇所に分散し、深さは四〇～一〇〇mで、活性炭設備を持つものもある。配水管網は、直径二〇cm～一mの一次環状配管と直径六～一五cmの二次配管からなり、全長約一四六二kmである。

市のポー川上流左岸に取水場があり、ストレーナーを通した河川水を浄水場へ送っている。その原水は、濁度が高く、着水井、分水槽まで粘土の色である。一系と二系は、二酸化塩素添加、沈澱、鉄・マンガン除去の二酸化塩素酸化、アンモニア性窒素除去と予備酸化の次亜塩素酸ソーダの酸化、マイクロサンド循環のクラリファイヤー、活性炭ろ過、二酸化塩素添加である。二酸化塩素の処理は、イタリアで開発され、浄水工程で次亜塩素酸ソーダと使い分けられている。

三系は、二酸化塩素添加、沈澱、オゾン酸化あるいは二酸化塩素を用いた鉄・マンガン、界面活性剤の酸化除去、アンモニア性窒素除去と予備殺菌の次亜塩素酸ソーダ中間酸化、マイクロサンド循環のクラリファイヤー、ケイ砂と粒状活性炭の二層ろ過、二酸化塩素の最終消毒である。フロックの調整には、ポリ塩化アルミニウムを添加している。この三系では、有機物の約七〇%を除去でき、有機ハロゲン化合物の生成を少なくできるとして建設された。オゾン発生器は、八kg/h容量が四台が設置され、二台の運転でオゾン濃度二〇g／m^{3}で、前オゾン処理に三mg／Lのオゾンが注入されている。

ここの研究結果から、前オゾン、凝集、粒状活性炭の処理が微量汚染物質の除去に必要であることが示された。三系の活性炭処理の一部を用いて次亜塩素酸ソーダの添加をなくし、上層の砂の部分に下層の活性炭と同じものを入れ通水したところ、最高二mg／Lのアンモニア性窒素が硝化され、全有機炭素もよく除去でき、化学的な酸化処理よりも生物活性炭処理により塩素要求量の少ない水が得られた。また、塩素添加を中止して活性炭を二倍用いないと、トリハロメタン濃度一〇μg／L以下に保てないことも判明した。槽を分離し、条件を変え、浄化後の各浄水を混合して、総トリハロメタン一〇μg／Lとしている。活性炭での全有機炭素除去は、除去率二〇％程

市水道局本部．水道水が流れている

度まで通水でき、通水二五〜三〇箇月で順次加熱再生される。

原水水質は、TOC二・一mg／L、アンモニア性窒素〇・四mg／Lで、水温五℃でもアンモニア性窒素が除去され、活性炭の使用は不可欠である。

「水道法が改正され、古い設備ではもう対応できない。ミネラルウォーター一本の値段より水道水一m³の値段の方が安いのでは、新しい設備に資金をかけられない」と、管理者は水質対策に苦慮している。EUのガイドラインが出され、イタリアでもトリハロメタンの値が一〇μg／L、最大三〇μg／Lとなった。英国などでは七五％達成で可となっているが、イタリアでは法的に一〇〇％達成でなければならない。運転結果の平均は、一〇μg／Lぐらいであるが、三〇μg／Lにも近づき心配される。

粒状活性炭のコンテナバック

二三　フィレンツェ〈監視制御室より大きな水質分析室〉

イタリア中部の都市フィレンツェは、市の中心を流れるアルノ川を水源として、約四八万人の市民へ最大約三〇万m^3／日の浄水を供給している。川の上流には農業地区があり、市内のアンコネッラ浄水場は農業排水の影響を、マンティニャーノ浄水場は下流にあり、都市排水の影響を直接受ける状況にある。浄水の約八〇％はアンコネッラ浄水場でつくられている。

一九世紀中頃、コレラ、チフス、ペストがスラム地区を中心に飲料水と排水を原因に伝染し、多くの人が死亡した。特にフィレンツェではひどく、中世から利用していた井戸を見捨て、浄水場をつくることにし、一八五六年よりアルノ川表流水の化学処理が検討された。一八六九年、イタリアが統一されて浄水場の建設が決まり、二〇箇月間で完成させ、一八七〇年の人口一八万人に対して一万七〇〇〇m^3／日の給水が始められた。一八九九年にはピザ市の北方に導水路九五kmをつくる計画が提出されていたが、一九一四年、アンコネッラ浄水場に凝集沈澱と砂ろ過設備を設置し、浄水能力を五万m^3／日とした。一九四五年の大戦後に六万m^3／日の浄水を供給している。一九七九年にオゾン発生器三台が導入され、一九八〇年にはマンティニャーノ浄水場にも二台が納入された。オゾン設備は、一九一四年に早くも北イタリアのヴァリニャーノ浄水場の消毒殺菌に導入されていた。一九八二年に水質問題から塩素注入を止め、オゾン、過酸化水素、活性炭への処理に転換しているが、最近では過酸化水素の促進酸化処理は用いられず、粒状活性炭と生物活性炭が利用されている。上下水道を河川に直接依存しているため、将来とも高度な処理技術が必要となっている。

河川水の処理は、四m^3／sの流速でオイルフェンスと格子を通し、三つのポンプで取水し、前塩素として二酸化塩素一～一・五mg／L添加、五分間接触、粉末活性炭八～二〇mg／L添加、二酸化炭素によるpH調整を行う。次にポリ塩化アルミニウム三〇～三〇〇mg／L添加、二～二・五時間の凝集沈澱、厚さ一mの砂ろ過、オゾン二

高速凝集沈澱池

mg／Lの注入、一〇～一二分間接触の後、二酸化塩素の後塩素を行う。アンモニア性窒素がない時は前塩素に二酸化塩素、ある時は次亜塩素酸ソーダを利用し、EUのトリハロメタン濃度の基準値三〇μg／L以下とする。二酸化塩素の使用により、トリハロメタン濃度は二～三μg／Lしか生成しない。河川水の濁度は三〇～一二〇度FTUであり、アンモニア性窒素は年に十数回増加する。空気原料のオゾン発生器が設置され、浄水場管理棟には監視制御の部屋より大きな水質分析室が並んでいる。マンティニャーノ浄水場は、浄水能力〇・八m^3／sで、オゾン処理の後に厚さ一mの生物活性炭層を九～一二分間で通過させている。

アルノ川は、水源からピザ市を通り西のティレニア海に流れている。河口までの二二箇所の水質調査のすべてで界面活性剤が検出され、ハードからソフトタイプへ転換されたが、いまだ高濃度で検出される。また、河川上流部の農業地区から流入する残留農薬については、粉末活性炭添加とフロックの沈澱でかなり除去され、オゾンによってEUの残留農薬濃度の基準以下となっている。藻の発生は、春と秋に起こり、砂ろ過で九八・三%が除去される。シアノバクテリア、別名藍藻類も夏に生成し、二酸化塩素と凝集で九〇・一％除去され、粉末活性炭とオゾンにより、これらの毒性が完全に除去される。飲料水供給系から分離された線虫に検出される細菌は、調査の結果、サルモネラやビヴリオなどの発病性の細菌ではなく、環境中にいる一般細菌であった。これらの線虫は、浄水工程で発生するものではなく、河川の底部に生息している線虫が降雨時に浄水場へ流れ込んできたものである。他にも表流水から浄水までの処理に関した多くの研究実績があり、研究発表も活発に行っている。現在、市の水道関連組織は、大変革の真っ最中である。

街の中の水飲み場

二四 ローマ〈二三〇〇年前の水道と近代水道〉

ローマ公共電気水道局、安全対策のためカードと暗証番号を使って一人一人が入門機を通る。都市人口は、二八一万七〇〇〇人、局の九階ギャラリーからは、大理石のピラミッド、ガイウス・ケスティウスの墓を眼下に市内が見渡せる。遠くから湧水を導き、丘の上にも水道タンクがある。

古代ローマでは、アップロ・クラウディオにより紀元前三一二年にアッピア水道がつくられ、紀元前二二六年には、水源から市まで勾配一％以下で、一一系統、延べ四〇〇kmの設備となった。ローマ帝国領土は拡大し、その最盛期トラヤヌス皇帝によってもトライアーノ水道がつくられた。以後、北方からのゲルマン人の侵略により水道設備も破壊されてしまう。

一六〇九年、パオロ五世はそのまま残っていた古代のトライアーノ水道地下部分を使い、トライアーノとつないだパオロ水道の再建を開始した。一六一二年に完成を記念して丘の上に大きな大理石のモニュメントがつくられている。噴水が付き、その後、一六九一年アレクサンデル八世が正面に大きな水盤を取り付けて今日に至っている。

パオロ水道の建設については、バチカンからの資金援助と同時に、今日の水利権に相当する水の配分が要求されていた。トライアーノからの水量不足に対して、ブラッチアーノの湖水を混合して水量を確保したため飲料水としてはあまり利用されず、長い間、ローマ市内の噴水や池などの修景用に用いられた。

湧水、地下水を飲料水として利用していたローマでも、一九四五年より水道へ塩素を添加している。一九六八年に水需要の増加に伴い、パオロ水道の都市用水から飲料水をつくるピネータサッケッティ浄水場の一系が完成した。浄水能力は最大四万三〇〇〇m³／日、凝集沈澱はパルセータ二池、砂ろ過は独立した鋼板円筒横型の一〇槽である。一九七八年には、最大浄化能力五万二〇〇〇m³／日の二系が完成している。、傾斜板入りのスーパーパル

現在も利用しているアウレリア街道
を跨ぐ水道アーケード

古代ローマ導水路の内部

セーター二池と角型コンクリート砂ろ過四池を備えている。薬品添加は、硫酸アルミニウム四～五mg／Lと二酸化塩素〇・五mg／Lである。湧水はカルシウムイオン三二〇mg／L、湖水はフッ素イオン一・六mg／L含有しているので、四対一に混合して給水している。

　現在、ローマ市への水源は三系統である。アルペン山脈のペスキエーラ水道は一〇〇kmで、八六万四〇〇〇／日の湧水を市内へ送る。マルチャ水道も湧水を四三万m^3／日を市内へ送る。ともに水源地質は、石灰質である。一方、トライアーノ水道は、火山質の所からの湧水であり、パオロ水道は、湧水と火口湖ブラッチアーノの湖水との混合である。平均すると、原水の九〇～九五％が湧水、四～五％が表流水、そして一％が雑用の水道である。バチカンへは、水道管と用水道管が各一本設置されている。市内の噴水も用水道管からの水で、飲用不可である。

　ブラッチアーノ湖は、周囲三二km、水深一六〇mで、海面下一〇mと深く、自然の貯水池となっている。近年、湖の周辺四分の三に下水道を完備し、湖の水質汚染を防止している。

　ローマで唯一の浄水場には、上から三〇cmを残し泥で埋まった古代ローマ時代の導水路、高さ約二mが保存されている。ローマ時代の水道は、漆喰で漏水がないのに、近代水道の設備は、短時間に錆の発生や漏水が起こるという。

また、古代ローマからの主要道路アウレリア街道には、城壁で囲われたパオロ・トライアーノ水道が街道の左側から右側へ渡るアーケードがある。火山性の砂とモルタル漆喰を用いたもので、弾力性があり、現在まで漏水せずに利用されている。

二五　ナポリ〈地下水と湧水を地下貯水池に集め給水〉

イタリア第二の商業港であり、観光都市としても有名である。人口一二一万人で、湾岸の小都市郡を含めると人口三〇〇万人にもなる。イタリアは、山岳地帯がアルプスから地中海側を通ってイタリア半島の先まで達し、その複雑な地形が多くの地方都市の特徴を生み出している。ナポリ水道局デッラ・アツィエンダ・ムニチパリッザータ・アックエドット・ディ・ナーポリは、ナポリ市と近辺五二町村の住民二二〇万人へ、三系統の地下水と湧水を市の地下貯水槽へ導水し、配水管網全長約二二五〇kmを通して標高四五一mまで給水している。

紀元前三四〇年の古代ローマ時代は、平地輸送する導水路が利用されたが、ローマ帝国の崩壊とともに設備も破壊された。一五世紀末の人口は一〇万人、一七世紀初めは二七万人と、パリに次ぐ第二の都市となっていた。一六五六年にペストが流行し、人口は一五万人に減少したが、イタリア統一の一八六一年の人口は、約四五万人とイタリア最大となった。密集建築、劣悪の住宅環境、貧民大衆、犯罪などを含めて、当時はナポリ問題と呼ばれ、都市改造の必要性が論議されていた。一八七三年、ヨーロッパを訪問した明治政府の岩倉使節団の報告にも、そのナポリの不衛生さが記録されている。一八八四年にはコレラが発生している。ペストの大流行で都市の衛生を考えた大きな地下水槽を持つ水道システムが提案され、一八八一年に都市評議会にてセリーノ系の建設が決定された。内容は、

① 地下水系を湧水につなげる、
② 配管約六〇km、
③ 金属補強の管と三本のサイホンで一〇万m^3／日の送水、
④ 高価で困難であるが、自然の地理を利用し、ナポリの地下の凝灰岩を掘り、広い回廊を付けた貯水池をつくる、
⑤ 市までの導水路は、覆付きの管と管網を用いる、などである。

地下貯水槽へ流れ込む導水

工学と水理学を応用した最大規模の事業となり、五段階に分割され、一八八五年に完成した。掘り出した岩石は、都市の建築に利用されている。以後、カンパーノ系の水道も増設されている。

セリーノ系の約八五kmは、ナポリの東四五kmのセリーノからの湧水をモンテッレダーネ山の東、モンティ・パルテニイ山の北を周り、四つのサイホンを通してナポリへ入る。主配管は六四kmで、水量は約一七万六〇〇〇m^3/日である。ルフラーノ地下水系は、カゾーリア、アフラゴラ、アチェッラなど東北二〇km近くに分散している一五一本の井戸から約一八万一〇〇〇m^3/日が送られる。カンパーノ高架式の導水路は、ナポリ北一〇〇kmのボイアーノからの湧水をマッダローニまで運び、水量二三万m^3/日をナポリへ送る。。マッダローニの手前、高さ二〇〜三〇mの水道橋の下は、イタリア鉄道の列車が通る。

地下水槽は、ナポリの町を出た小高い丘にあり、階段が上からくり貫かれて、横方向に上部のスクディッロ貯水槽三本と下部のカポディモンテ貯水槽五本がつくられた。きれいな水が流れ込んでいて、冷気と湿気に包まれた鍾乳洞の雰囲気である。内径一〇m、長さ三〇〇m、断面は底辺を持つ卵型で、深さ八mまで水が蓄えられて、照明を付けても霧で貯水槽の奥まで見えない。導水路の途中で二酸化塩素、次亜塩素酸ソーダを添加しており、地下の水槽に届くまでにマンガンは酸化され、途中沈澱付着して除去される。カルシウム硬度も健康に害はなく、水質にはなんら問題はない。

「ナポリを見て死ね」とはいえ、都市の中心部は、石畳の通りに小さな車が一杯である。水道局本部も歴史的な建物で、小さなエレベーターでは「日本からのお客さんだ」と、先客に途中で降りてもらって利用するほどである。職員九四〇名が必要なのに、政党や組合の問題で四三〇名しか確保できず困惑しているようである。一〇〇年以上前につくられた設計図が机の上に何気なく置かれて、歴史ある貯水池の図面の手触りと香りを味わせてもらえる。きれいな水を遠くから集め都市の地下に貯留し市民に供給している点、日本の都市構築と全く思想が違っている。

地下トンネル内に設置されている配水本管

二六　バリ〈水の価値を示す豪華な水道自治組合本館〉

長靴の踵の部分にある南イタリアのプーリア州の首都で、ローマ時代から水不足の不毛の地帯であった。

プーリア水道自治組合が南イタリアの二〇〇以上の自治体、約五〇〇万人に一万六〇〇〇kmの給水配管網を通して六億m^3／年の飲料水を供給している。その水源は、表流水六〇％、湧水二〇％、地下水二〇％である。

涌水は、アペニン山脈西側斜面、ナポリの東九〇kmのセレ川上流カポセレ水源から四三m^3／日を導水路で送っている。集水域から水源まで約六箇月かけて出てくる湧水は、生物学的、化学的にきれいで、水温も九℃と年間を通してほとんど変化がない。導水路は、全長二四四km、トンネルの数一〇五(総全長一一一km)、トレンチ総全長一五〇km、橋の数九三(総全長七km)、サイホンの数一三(総全長二二km)を持ち、バリには、一万二〇〇〇m^3の貯水槽がある。この導水路計画は、一八六八年に立案され、一九二六年に完成、途中のフォッジア、バリ、その先のレッチェへ給水されている。

さらに、南イタリアの緊急水対策として、ローマの基金をもとに、スィンニダムからの原水五〇万m^3／日を浄化するスィンニ浄水場がバリ南方六〇kmのジノーザに一九八六年に完成した。ダムからの水を浄化し、その三九万m^3の浄水がポンプ場から約一〇〇m高い給水塔へ送られ、バリ市へ給水されている。

スィンニダムの原水は、全蒸発残留物二三〇mg／L、TOC三mg／L、溶存酸素濃度九mg／L、濁度四NTUである。処理は、二酸化塩素添加後に原水槽に、次にマイクロフィルターを通り、石灰、硫酸アルミニウム添加による凝集沈澱、砂ろ過、粒状活性炭を通し、二酸化塩素添加で配水される。二酸化塩素は、現場で亜塩素酸ナトリウムと塩酸により製造し、砂ろ過で〇・二mg／L残留させるように〇・八mg／L添加する。

石灰岩の荒れた土地につくられた浄水場で、大きな石灰貯蔵タンクとエアーチャンバーが特徴的である。広い監視制御室、大理石の床の広い分析室と、水量と水質が

薬品タンク

同等に扱われている。特にトリハロメタンの問題から浄水処理には塩素を用いない方法がとられている。さらに水質分析では残留アルミニウムイオン濃度に注意が払われていた。

ここのダム原水を用いてプーリア大学衛生学部と紫外線ランプメーカーを含めた共同研究が行われていて、二酸化塩素添加と紫外線照射による消毒効果と変異原性、発ガン性、有機ハロゲン化合物生成、亜塩素酸イオン、塩素酸イオンの生成などの研究を行っている。特に殺菌については、過酸化水素一〇～一四mg／Lを添加して、紫外線ランプ七二本で照射すると、過酸化水素は分解してなくなり、大腸菌群などは完全に殺菌できる。濁度の増加により多少殺菌効果は低下し、大腸菌群以外の菌が検出されるなどの結果が得られている。

工事期間二〇年をかけたアペニン山脈からの導水路完成は、イタリアの土木建設技術を世界に示すもので、その完成に合わせ水道組合の本館は、バルコニーをはじめ、全館に水に関する絵画、彫刻が取り付けられている。美術館以上の豪華さで、導水路建設事業が歴史的、技術的、経済的にいかに重要であったかを示している。

詳細は「造水技術」（一九九七年）を参照されたい。

バリ水道自治組合本館の芸術品

二七　チューリッヒ〈住民投票できる水道事業〉

チューリッヒ湖水がリマト川への流出する部分に発達したスイスの国際都市である。チューリッヒ水道局は、市民約三六万人と近郊の約四〇万人に全長約一五二〇kmの配水管網で平均一六万六〇〇〇m^3／日の飲料水を供給している。その八一％が市内へ送られ、市民の水消費量は、平均三七五L／日・人である。原水は、湖水六六％、地下水二五％、湧水約九％で、水道技術に多くのシステムを組み込み、浄水処理の開発と評価などを積極的に進めている。

湖の右岸には、最大浄水能力二五万m^3／日のレンク浄水場が、左岸には一五万m^3のモース浄水場がある。レンク浄水場は、湖水を水深三〇mから取水し、最大三m^3／sで導水し、前オゾン処理を行い、硫酸アルミニウム二mg／Lを注入する。油漏れ事故などでは粉末活性炭も添加する。pHを八・〇に調整し、次にケイ砂と軽石からなる二層ろ過二〇池で急速ろ過し、次に中間オゾン処理を行う。処理水は、厚さ一二〇cmの活性炭ろ過一二池、厚さ七〇～一三〇cmの緩速ろ過一四池を通した後、石灰水でpH調整し、現場で製造した二酸化塩素を〇・〇三～〇・〇五mg／Lを添加する。細長いチューリッヒ湖には、アルプスの水がその上の湖を通して流れてくるため、懸濁物が少なく、水温は四～八℃の間で変化し比較的軟水である。

湖に出現する貝の幼虫から原水配管を守るため、塩素を積極的に利用している。塩素一〇mg／L、八時間のショック的な処理を月に一度実施し、貝の付着防止に成功している。処理後の原水には、塩素の七五％が残留しているため、浄水場内で七～八時間をかけて処理し、浄水には問題となる塩素副生成物は検出されない。

三〇年以上、浄水処理にオゾンを使用し、色、味、臭い、細菌、ウイルス対策、フロック生成に良いことや緩速ろ過と活性炭の微生物処理に良いことが評価され、前段と中間のオゾン利用となっている。中間オゾン処理を通して、粒状活性炭は吸着ろ過から生物ろ過となり、一

リマト川

年の活性炭再生が少なくても一〇年利用できる。オゾン注入率は、合計三mg／Lである。黒いカーテンで覆われた部屋の一角で、一定流量で水が流れている水槽の中に一匹のニジマスが入口に向かって泳いでいる。原水の急性毒性を調べるもので、魚が流されると、出口にある電極で警報が出される。餌も泳ぎながら与えられ、一箇月での交代である。

ハルトホフ浄水場は、リマト川とその伏流水を利用し、浄水能力は一五万m^3／日である。川の左岸一九本の井戸からバンクフィルターを通して河川水を汲み上げ、次に三箇所の浸透池で曝気、活性炭ろ過、砂ろ過を行い、地下へ浸透させる。四本の集水深井戸から本来の地下水とともに汲み上げ、溶存酸素濃度を上げて石灰でpH八・〇とし、二酸化塩素を添加して給水する。この一帯は、スポーツ施設をもつグリーンスペースとし、食肉工場などは下流へ移動させ、土壌の汚染を防止しながら積極的に地下水をつくっている。緊急時は、湧水と地下水で給水するため、危機対策として自家発電装置と予備装置、その制御回路を守るよう五mm厚さのシートメタルが建物に施されている。

水道局の資料には単なる宣伝だけでなく、拡張工事などを住民投票で決めているため、その投票日と賛成者、反対者の人数を明記し、最後に「水道局は市民と一般専門家の非常に暖かい声援と識別力、偉大なる理解に感謝する」と記されている。また、「われわれの将来は、われわれの水に依存している」、「われわれの子供たちも、水で料理をする」、「健康な将来に、きれいな水を」との言葉もある。浄水場入口では、白い二つ水槽へ原水と浄水がそれぞれ流れ、水の色、濁りの変化が一目で理解でき、その場で浄水も味わうことができる。

街の中の水飲み場

二八　ブリュッセル〈オゾン処理により湧水、地下水と同じ水に〉

ベルギーの首都で、都市人口約九八万人である。ここの水道水は、七五km離れたナミュールのタイファー浄水場から送られてきている。ミューズ川の表流水を利用して、一九七三年から最大能力四八万m³／日の浄水を生産している。かつては地下水が利用されており、水需要の増加に対処するため浄水場を建設する際、水質的に味、臭い、色などの官能条件が地下水と一致することが要求された。そのためミューズ川で汚染の一番少ない上流に建設することになった。しかし、フランスに水源があり、上流四〇kmに原子力発電所がある。また、降雨を集める川で、季節変動が大きく、上流域には五〇万人が生活して一部の排水が入り、ビート土壌からのフルボ酸による色度も高く、原水硬度は二二〇〜二〇〇mg／Lである。付近が観光地のため、浄水場の建造物も環境を十分考慮して建設された。

ミューズ川の底部より取水し、供給ポンプで揚水する。処理は、マイクロストレーナーを通して薬剤（塩素二〜六mg／L、硫酸でpH調整、二酸化塩素〇・五〜一mg／L、硫酸アルミニウム四〇mg／L、活性シリカ〇・三〜三mg／L、粉末活性炭一五mg／L）を添加混合し、沈澱、砂ろ過、オゾン処理（一・二〜三・六mg／L注入）の後、貯水してからポンプで給水される。現場で二酸化塩素を亜塩素酸ナトリウムと塩素から製造し、添加し残留させている。オゾンは、味、臭い、色の改良に利用され、オゾン生成の特徴をうまく利用している。

表流水の減少する乾燥した八〜一〇月は、水質が悪化して、短時間であるがオゾンの必要量が通常の二倍近くの三〜四mg／Lと増加する。このためオゾン処理設備は、空気を原料として設計され、この期間のみ液体酸素を原料としてオゾンを発生させている。これにより同じ装置、同じ電力で二倍近いオゾンが生成できる。酸素原料は、建物の近くに設置された液体酸素貯留タンクから気化装置を通し酸素ガスを得ている。一時間のオゾン発生量は一台で七・六kgとなる。オゾン化された気体をタービン

二酸化塩素製造プラント

方式で水中へ注入し、気液接触が行われる。季節により注入量は異なるが、残留オゾン濃度〇・二～〇・四mg／Lの状態で一〇分間滞留槽を通し、反応を進行させている。オゾン処理設備は、別の建物四〇×三〇mにまとめられ、オゾン発生器は、六台、周波数五〇Hz、電圧は、一万一〇〇〇～二万Vまで変化させ、一・六～四・〇kg／hの発生能力がある。

オゾンに関する安全対策は、次の項目で行われている。構造に関しては、

① オゾン発生器と換気装置を含む建物の分離、
② 連続運転と緊急時運転の換気装置、自動で一時間に一〇回室内空気を交換、
③ 排ガスのオゾン分解装置、
④ 耐オゾン性材料による窓ガラスのシーリング、

などである。労働に関しては、

ⓘ 建物の定期的点検、
ⓘⓘ 効果的に指示のできる独立した制御室、
ⓘⓘⓘ 救急教育、
ⓘⓥ 異常時のオゾン発生器の自動停止、
ⓥ 酸素使用についての救急ルール、

などである。

建物の一階は、空気供給設備、排オゾン分解装置、二階は、空気乾燥装置、オゾン発生器、地下には、オゾン処理槽から出た排オゾンを砂ろ過水に混合する前オゾン処理、オゾン処理槽、滞留槽、残留オゾン放出部がある。オゾン処理後の浄水は、滞留槽から流出し、あふれ出る浄水から余剰オゾンを放出させている。この部分は、ガラスドアで区切られ、水の色を観察できるようになっている。水の色は、深いブルーで、残留オゾンの色も重なっていると思われる。

原水の検査として放射性物質、魚による急性毒性が調べられている。魚はニジマスが用いられ、夏は原水を冷却、冬は加温して一定の活性を保っている。また、オゾン処理水における細菌増殖試験も調べられている。

オゾン処理水流出部

二九　エッセン〈地上、地下を利用するミュールハイムプロセス〉

デュッセルドルフの北、ミュールハイムに本部を置くラインウェストファーレン水道組合会社ＲＷＷは、四つの浄水場、一二の配水池、約三〇〇〇kmの配水管網、一つの発電所により、八五〇km^2のライン・ルール給水地区の一〇〇万人以上の人々に冷たく良質な水を年間約八〇〇〇万m^3を給水している。原水は、北では白亜紀の海水堆積物から生成した大切な地下水、南では酸素と活性炭で処理した地下水である。

スチルム西、ドーネ、エッセン・ケットヴィヒの浄水場では、河川水を前オゾン、凝集フロック生成、沈澱、主オゾン、ろ過、活性炭、緩速ろ過、土壌ろ過の順で処理し地下に注入したものを井戸で汲み上げている。それぞれ七万二〇〇〇、一〇万八〇〇〇、五万二八〇〇m^3／日の浄水能力がある。スチルム東の浄水場は、ルール川両岸に緩速ろ過一三池と井戸約三〇〇本を持ち、河川水を緩速ろ過と土壌ろ過の後に汲み上げ、オゾン、二層ろ過、活性炭ろ過で処理し、浄水能力は一四万四〇〇〇m^3／日である。

ライン谷のリバーバンクフィルターは、一三〇年以上もドイツの浄水場で利用されている。ルール川は、その小さな支流の一つで、北ラインウエストファーレンの東部の泉からデュッセルドルフ市北部のライン川入口まで約二六〇kmの長さである。一八七一年にミュールハイムからオーベルハウゼンに一本の配管が引かれ、二〇年後に複数の自治体によって浄水場がつくられた。一九一二年にＲＷＷが設立され、一九四四年にこの浄水場の所有権を得ている。初期のバンクフィルターからの平均浄水能力は、約一〇〇万m^3／年であった。しかし、河川の汚染によりバンクフィルターだけでは信頼できず、付加的な水処理システムを組み合わせ、人工的に地下水を注入して安全を保証してきた。処理プロセスは、河川表流水を取水、前オゾン、凝集フロック生成、沈澱、主オゾン、二層生物ろ過、生物活性炭を通して、井戸とインフィルター注入部から地下へ注入し、環境の保護された取水地

前オゾン処理の実施により凝集フロックの沈降性が向上する

区の自然岩床へ送っている。その後、地下水をサイホンシステムの井戸により集め、消毒、pH調整後、ポンプ場を通して配水される。

ライン・ルール経済地区では、追加の処理が必要なほど河川は汚染されたが、飲料水の需要は爆発的に増加した。下流地区の浄水場は、一九六〇年代初期にルール川の水の前処理にブレークポイント、凝集、沈澱、砂ろ過、活性炭を用いたものを導入した。ところが、塩素によるブレークポイントは、好ましくない塩素化合物を多量に生成し、続く処理工程でも部分的に残留した。そのためオゾン設備が付けられ、ブレークポイント法が生物処理に置き換えられた。オゾン注入量は、平均一～一・五mg／Lで、五分間接触で反応が起こり、活性炭層は、四mと高く近代的な設備となった。アンモニア性窒素の生物酸化で酸素が消費されるので、液体酸素で供給する。旧方式では、大きな塩素要求量のため殺菌に時間がかかったが、オゾン殺菌ではすぐに分解し、ろ過での生物分解性が上がり、水質を良くする。活性炭においては、吸着と生物酸化の間に温度依存性があり、低温時は吸着によって有機物が除かれ、原水温度の上昇により微生物活性が上がって吸着物は生物酸化される。そのため処理容量は上昇し、運転コストを大幅に低下させる。緩速ろ過と土壌の生物的プロセスを通った水は安全で、この最終段は、味と臭いの問題を解決するために避けることができない。

このバンクフィルターからマルチバリアーシステムへ変換されたミュールハイムプロセスは、世界的にもよく知られている。ＲＷＷは、職員約五八〇名で年間一五万件のサンプルを分析して水質を保証し、多くの給水量と適正価格で年間売上高約二億マルクと成功している。また、ＲＷＷによる指導で農業、林業、園芸分野の肥料と農薬の使用量を減らし、富栄養化した土地を二年間で七五％も減らした。環境と水源を守ることが会社の目標で、建物の中のポンプにも防音カバーが施されている。

生物活性炭槽

三〇 シュツットガルト〈省電力と電力均等化のため夜間電力で取水・送水〉

ドイツ西南部バーデン・ヴェルテンブルグ州の州都シュツットガルトは、人口約五八万人で、コンスタンス湖を水源としたシュプリンガーベルグ浄水場と、ドナウ川を水源とするランゲナウ浄水場から給水されている。スイス国境ヨーロッパ最大のコンスタンス湖は、別名ボーデン湖とも呼ばれ、アルプスの雪解け水が常に供給される。飲料水を一番必要とする夏の数箇月間、雪と氷が融けて湖に流れ込む。その量は、水道用の一〇〇倍以上である。

湖上には自動車を乗せた大型フェリーが行き帰りし、それほどきれいな水源とは思えないが、湖は深く、水深六〇mからきれいな原水を得ている。この水位の水は、藻が浮いた暖かい表層から分離され、年間を通して水温四〜五℃、地下水や湧水と同様に硬度も味も良く、硝酸イオン濃度は四mg/L以下で、揮発性の塩素化炭化水素も含まれず、既に飲料水の水質であるが、健康の観点からオゾン処理とろ過処理を行っている。

一〇〇年以上前からシュツットガルト地区には水が少なく、地下水や湧水を利用していた。水不足の地区の浄水場が協力して配管をつなげた。その後も多数の水道局が組合として参加、水の動脈ネットワークを形成し、乾期の最悪時にも水の供給を保証した。一九五四年には湖から遠くて飲料水の欠乏していた一三の町村が参加し、その後も着々と会員が増加した。その結果、一六三市町村と供給団体が参加した大きな組合となり、湖からの飲料水を三五〇万人の消費者に供給することができるようになった。初めての運転は、一九五九年の二六〇〇万m^3、乾燥した一九七六年には一億一六〇〇万m^3にのぼり、現在では約一億二九〇〇万m^3の浄水が送られている。コンスタン湖の二本の大きな本管から最大六七万m^3/日の供給となっている。内径二・二五mの二本のスチール配管と長距離コンクリート配管で、地震地帯は、スチール配管を基礎にコンクリートライニングが施してある。総長約一四〇〇kmの長い配管の途中には、水消費量の変化に対しても均一に給水できるように大きな貯水池が設置され、昼も夜もきれいな水が送られている。特にピーク期には、地下水やライン川のバンクフィルター水も利用される。飲料水は食品に分類され、各所で水質が調べられる。ここの浄水は、各自治体の水源の水より優れているため、現地での希釈混合用に都合がよい。

湖のポンプ場には六台の大型のポンプがあり、九m^3／sを取水し、高さ三一二mの浄水場へ送る。ポンプの馬力は、急行列車の機関車よりも強力で、電力の均等化、省電力を考えて、主に夜間に運転されている。湖水は、着水井からメッシュ40μm一二基のマイクロストレーナーで大きな懸濁物がろ過される。次に最大一二五〇kg／日の発生量を持つ六台のオゾン発生器より生成されたオゾンで有機物の酸化と消毒を行う。反応槽は、一二室で、オゾン化空気の通過する充填材層に散水する方式である。オゾン処理は、船舶事故による油、富栄養化による臭いと味の効果的な除去方法で、微生物の初期殺菌にも利用される。水中の天然有機物に効果的なオゾンは、溶存有機炭素g当り〇・五～一g程度で、水は湖水の緑色を失って清澄となる。次に容量七万m^3の中間貯水池に蓄え、ケイ砂と軽石の層を通す。オゾン酸化生成物は、もとのフミン酸より

水深60ｍから着水井へ

塩素と反応しにくく、トリハロメタンや塩素化有機物を生成しにくい。しかし、この酸化生成物は、微生物に代謝されやすく、消費者までの長い配管で菌が増殖しないように〇・四mg／Lの塩素を加える。約三六時間後に高位置の配水池に送られ、給配水時の残留塩素は、〇・二五mg／Lに調整されている。

パンフレットには「水なしで植物も動物の人間ですら生命を保てない。しかし、我々はそれも意識せず蛇口をひねればいつでも、いくらでもきれいな水が得られる」と水道の重要性が述べられている。

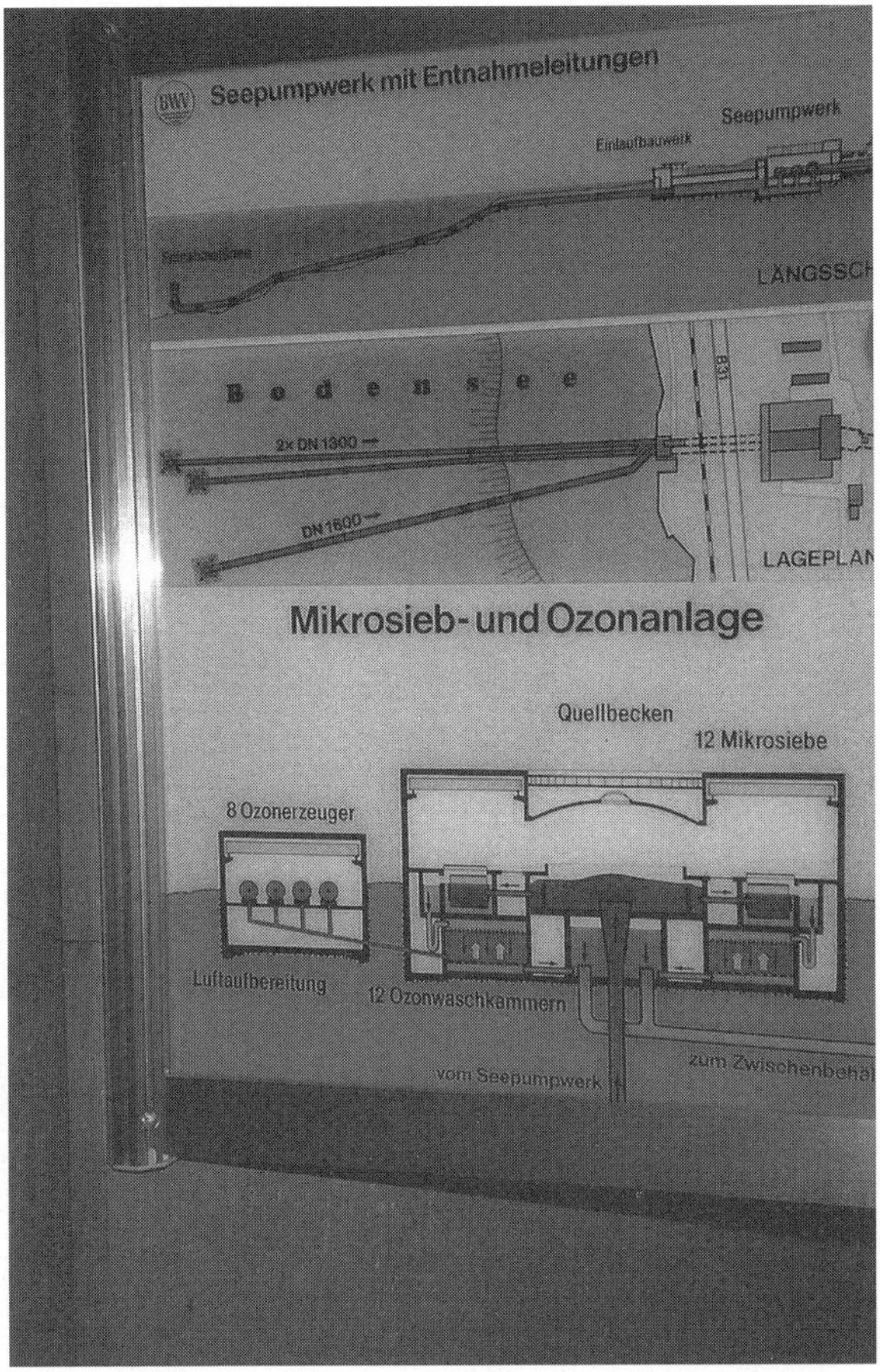

マイクロストレーナーと散水方式によるオゾン処理

三二　ロッテルダム〈塩素を使用しない微生物学的に安定な水づくり〉

ロッテルダムは、ライン川の河口にある世界的な商業港、工業と貿易の中心地として発展している。水道会社ユーロポールツは、地下配管網四〇〇〇kmを通して、市内の五九万人と南部の村々まで全人口一三〇万人に一億四五〇〇万m^3／年を給水している。近代の水道技術において大きなエポックのあった水道でもある。水道水からクロロホルムをはじめとするトリハロメタンが検出され、これらが浄水工程で最も信頼されていた塩素処理の工程で生成することがローク氏(J. J. Rook)により確認され、以後の浄水処理工程が大きく変化することになる。

一八六九年に市評議会は、自治体の水道をつくることを決め、一八七四年には緩速ろ過を設置し、その後も改良を重ね、ライン川の水を一〇〇年近く汲み上げて給水してきた。一九世紀末よりドイツのルール、フランスのアルザスの重工業地帯で人口の増加に伴いライン川の水質が低下した。河川の水質問題のみならず、港湾と運河の建設により海水が陸地内部まで侵入、汚染と塩分によるロッテルダム水道水の味は、一九六〇年代初期にテレビや新聞などで有名となった。そこでライン河川水の使用を止め、一九七三年にビーシュポッシュ貯水池をつくり、汚れの少ないマース川の水に切り替えている。この貯水池は、容量八〇〇〇万m^3で自然環境に恵まれ、二億五〇〇〇万m^3／年の取水が可能である。川の水質が良い時に水を取り入れ、水位調整し、五～六箇月間自然浄化させ、安全性を確認して軟化した後、水道原水として浄水場へ送る。水質基準は、五七物質に許容濃度を決め、毎年五〇〇〇サンプル以上を採水分析し、水質を保証している。

一九六六年に運転開始したベールンプラート浄水場は、浄化能力四三万二〇〇〇m^3／日で、マイクロストレーナー、塩素、硫酸第二鉄、冬のみ凝集助剤添加、緊急時は粉末活性炭添加、石灰でpH調整、ブランケットフィルター、活性炭ろ過、塩素添加の処理である。

一九七七年に運転開始したクラーリンゲン浄水場は、

硫酸第二鉄貯留塔

能力約一七万三〇〇〇m³/日で、硫酸第二鉄と必要なら助剤添加、ラメラ分離沈降、オゾン、砂とアンスラサイトの二層ろ過、活性炭ろ過、塩素添加の処理である。

バーンフーク浄水場は、二つの水系で、表流水系は、能力約五万二〇〇〇m³/日、硫酸塩化鉄、助剤添加、凝集、上向流・下向流砂ろ過、オゾン、活性炭ろ過の処理である。地下水系は、干拓地の深さ一〇〇～一四〇mの硬水で、鉄イオン、マンガンイオン、アンモニア性窒素、メタンを含み、能力約六五〇〇m³/日、曝気、前ろ過、石灰添加による軟化、三価の鉄塩添加、砂とアンスラサイトのろ過である。二つの浄水を混合し、塩素添加、pHを調整している。他に緊急用としてスグラーフェンデール浄水場が待機している。

現在、塩素処理の低減と回避、殺菌、臭味、残留農薬、消毒副生成物、臭素酸イオン、AOC、ジアルジア、クリプトスポリジウムの問題が残っており、促進酸化、紫外線、膜の技術が検討されている。オゾンの主目的は殺菌で、その効果は、バクテリア、ウイルス、発熱プロトゾア、ジアルジア、クリプトスポリジウムなどの種類と個数と水温に依存する。原水に検出される農薬二三種のオゾン分解を検討すると、高いオゾン注入率では、臭素酸イオンが一五～二五μg／L生じてしまう。通常の臭素酸イオン濃度は、〇・五μg／L以下に制限されるが、もし殺菌のため高いオゾン注入率が必要となれば、飲料水法令で公衆衛生機関からその利用が優先的に認められる。

ベールンプラート浄水場ではすべての浄水工程から塩素を除き、オゾン、粒状活性炭、紫外線殺菌を行う方向にある。

増加する水質基準項目に対して原水は永久に改善されることはない。塩素を使用しないこと、発病性の微生物と汚染物質を除くこと、微生物増殖のないＡＯＣ濃度一〇μg／L以下の微生物学的に安定な水を配水管内に送ること、中断することなく圧力を保つこと、水を逆流させないことを目標とした改善計画は正しいと考えられている。

マイクロストレーナー

三二 アムステルダム〈軟化処理で副生する炭酸カルシウム粒を再利用〉

アムステルダム自治体水道局は、飲料水を約九二〇〇万m^3／年生産している。このうち、河川／砂丘からの水は六四五〇万m^3、河川／湖からの水は二五四〇万m^3を占め、アムステルダムと近隣地区へ主要配管二一〇三kmで三七万二〇〇〇件の家庭へ給水している。アムステルダムの都市人口は七一万五〇〇〇人で、水使用量は二〇〇〇年に平均一八二L／日・人、二〇一五年に平均二一四L／日・人と予測されている。

河川／砂丘からの飲料水は、ニーラハインで河川水を澄ませ、砂丘で浸透、採水し、ライダインで再び処理する全一四の工程、三つの区間で浄化される。

浄水処理は、ライン川運河の水と地下水とを混合し、水質に異常のないことを確認してから、塩化第二鉄による凝集沈澱、急速ろ過、苛性ソーダ添加の後、砂丘浄水場へ送り、砂丘へ浸透させ、砂丘の底へ六〇～四〇〇日で流れ込み地下水を補充し、その浸透水を取水する。砂丘部分では飲料水の約二箇月分が貯留され、大部分は浸透したろ過河川水で、約一〇～一五％が雨水由来の地下水である。次に水をライダインへ送り、曝気再酸化、急速砂ろ過、オゾン処理、苛性ソーダ添加した後、砂粒に接触させ軟化、活性炭ろ過、苛性ソーダ添加、緩速ろ過で最終の浄化を行う。浄水量一八～二四万m^3／日で、約七五％がアムステルダムへ送られる。ライダイン浄水場では、後消毒の連続塩素使用を中止し、冬は大腸菌群、夏はエロモナスに対してオゾン消毒を行い、粒状活性炭と緩速ろ過により生物分解性物質の除去を行う。

河川／湖からの飲料水は、干拓地の水と運河の河川水をルンデルフェンの前処理とベーシュベルクラスプルの主要処理、全一〇工程で処理する。

浄水処理は、干拓地の水を人工湖に貯えて運河の水も混合し、ルンデルフェンで塩化第二鉄を添加し、凝集沈澱、二段の凝集処理、自然放置、急速ろ過後、ベーシュベルクラスプルの緩衝池へ送り、オゾン処理、苛性ソーダ添加して砂表面に接触させ、軟化、pH調節、活性炭ろ

アムステルダム駅前

過、苛性ソーダ添加、緩速ろ過を行い、微生物学的に信頼される飲料水とする。

水処理の初期段階で、貯水時に藻の発生の原因となるリンを塩化第二鉄添加の凝集沈澱で除去している点が特徴的である。農薬は、河川水から検出される二三種について、その八〇%の除去を目標にオゾンによる分解性を検討している。EUでは、残留農薬について、〇・一μg/Lと規定し、複合作用も考慮して全残留農薬の合計を〇・五μg/Lとしているため、どちらの処理工程においてもオゾン処理は、接触時間を最低二〇分、活性炭ろ過は四〇分間としている。

オランダの水道会社は、塩素処理の低減・回避、味と臭いの除去、消毒副生成物・農薬など汚染物質の除去、水の軟化など、多くの問題を抱えている。特に軟化処理は、貯水池における脱炭酸以外に苛性ソーダや石灰の添加を行い、砂の表面に炭酸カルシウムを結晶化させるペレット軟化処理が実施され、副生する炭酸カルシウムの粒、つまり大理石の粒は、薬品、建築材料、鶏の餌として利用されている。

オランダの飲料水法令では、通常、臭素酸イオンは〇・五μg/L以下に制限されている。しかし、バクテリア、ウイルス、発熱性プロトゾア、ジアルジア、クリプトスポリジウムなどの殺菌不活化を目的に高いオゾン注入率での処理が必要の場合のみ、臭素酸イオンが高くとも例外として認められる。

なお、干拓で国土を拡げてきたオランダでは、地球温暖化による海水面の上昇を真剣に考え、アムステルダムでもタクシーは相乗りとなる。

ペレット軟化処理

三三　ハウダ〈微生物学的に安定な水を紫外線で殺菌して供給〉

オランダ中部にあるハウダ市のベルフアンバフト浄水場は、約七万二〇〇〇人の市民に最大三〇〇〇m³/日の浄水を給水している。水源は、ライン川のバンクフィルターからの水で、川から二kmを二～一〇年かけて流れる地下水を石灰層の地下二〇mから三五台のポンプで汲み上げている。以前は、簡単な曝気とろ過の処理であったが、この水に農薬のペンタゾンが検出されたため、粒状活性炭を追加し、水質問題を解決した。ところが粒状活性炭ろ過水は、短時間で高い細菌数になるなど新しい問題が発生した。

従来、オランダでは、地下水やバンクフィルターの水は、消毒剤を必要とせずに給水していたが、殺菌のため塩素を使用すると、トリハロメタンが生成され、エイムズテストにも高い変異原性が現れ、利用が限定されてしまう。そこで水道施設検査協会（ＫＩＷＡ）の研究グループも参加して検討を行い、浄水処理方式を曝気、ろ過、粒状活性炭、紫外線殺菌に変更した。配管途中に組み込む紫外線消毒装置は、ランプ四本、四セットの非常に簡単なもので、最大一六〇〇m³/hの処理ができる。

トリハロメタン問題により塩素の使用を極力避けているオランダでは、微生物学的に安定な水を供給する研究が行われている。水道水中の有機物濃度を下げれば、配管内での微生物再増殖もなく、安全な水を消費者へ送れるとの考えである。この微生物学的安定性は、水道の新しい水質項目となり、同化有機炭素ＡＯＣ濃度で表示される。分析は、特殊な菌を混合接種し、試料水中の有機炭素を栄養源とし一週間以上培養して、最大コロニー数に達したところで酢酸の炭素量に換算して求める方法で、化学分析や機器分析では検出できない微生物に利用される低濃度の物質を再現性よく測定できる。配水管内で従属栄養細菌の再増殖を防止するためには、ＡＯＣ濃度一〇μg炭素/L、あるいはこれ以下にすることが必要で、浄水場の水処理プラントの生物ろ過工程を用いることで達成できる。浄水の最終工程が粒状活性炭ろ過の場合は、高い細菌数でも最終的に低いＡＯＣ濃度となるため、紫外線による消毒殺菌が有効となる。

ヨーロッパでは一九五五年に飲料水の紫外線消毒が開始され、トリハロメタンが発見されてからその利用件数が増加した。特にオランダでは一九八〇年より十数箇所の浄水場に紫外線の消毒装置が導入されている。他の例として、ランデュウス浄水場では、二つの地下水水源から平均流量八〇m^3／hを取水していたが、大腸菌が検出され、中圧水銀ランプによる消毒装置二台を設置した。装置には、紫外線強度モニターと沈着物の除去ワイパーが付いて、一九八一年四月から利用されている。ハルディンクスフェルト浄水場では、異臭味が問題となり、粒状活性炭を導入したが、やはり細菌数が増加し、浄水処理工程をバンクフィルター、地上でのろ過、曝気、急速ろ過、曝気、粒状活性炭、中圧の紫外線消毒に変更した。装置は、石英のジャケット付き四セットで，一般細菌は、基準の一〇〇個／L以下となる。活性炭ろ過水は、ＡＯＣ濃度二～四μg炭素／Lで、紫外線照射後も変化せず、エイムズテストでも問題はない。また、ゼイフンベルヘン浄水場では、メウズ川河川水を貯留するビーシュボッシュ貯留水を約四五〇m^3／hで処理

地下水をスプレー方式で散水曝気

している。塩素添加で送水、凝集、浮上、ブレークポイント、多層ろ過、粒状活性炭ろ過、後塩素の処理工程であったが、粒状活性炭のろ過水は、短期間の使用で一般細菌数が非常に高くなるため、塩素処理に替わる紫外線消毒の比較テストが行われた。その結果、中圧ランプは、導入するのは低コストであるが、エネルギー消費が高い。逆に低圧ランプは、導入するのは高コストであるが、エネルギー消費は低いことがわかった。

紫外線消毒は、浄水のＡＯＣ濃度と変異原性になんら影響を与えず、ＡＯＣ濃度の低い浄水の後塩素に置き換えられる方法である。

紫外線殺菌装置

三四　コペンハーゲン〈汚染土での埋立てを禁止し、地下水保全〉

デンマークのシェラン島の東側に位置する首都コペンハーゲンでは、コペンハーゲン・ウォーターが隣の自治体など五二団体を含む大コペンハーゲン地区、住民約一七五万人を対象に浄水を給水している。立派な研究実績、処理設備を持ちながら、環境負荷を減らすため、節水キャンペーンを行い、エネルギー消費の大きい表流水の使用を減らし、地下水を主体とした給水を行っている。一九九五年の供給量は、六八八七万m^3、コペンハーゲンの全消費量は、三五六〇万m^3である。浄水は、配管三六六kmを通して市内のベラホイ、ブロンスホイの配水塔とティンホイの調整池へ送られ、二つのメインリングを含む配水管網一〇九〇kmから給水される。コンピュータシステムの導入により供給と消費のバランスがとられている。

一八五九年、湧水を主体とした表流水を砂ろ過し、給水するアクセルトー浄水場がつくられた。コレラの流行が建設を早めている。コペンハーゲン駅前のチボリ公園の北、徒歩一〇分にあり、現在は、レンガ造りの建屋と煙突、浄水場職員詰め所の紫色ガス灯を残した本局と水質研究所になっている。その後、湖水の表流水を補充したが、藻がろ過層を詰まらせ、悪い味を付けることから中止し、湖の周りに掘抜き井戸をつくり、地下水を利用するようになった。さらに水消費の増加に伴い、遠くにトースボー、イスロボー、マービアー、ライホの浄水場がつくられた。一九七〇年までは、浄水場建設と水消費増加との競争で、スラングロップ、スノスウ、ライネマークに新浄水場を建設した。地下水源が限界に近づき、再び表流水利用のスノスウとライネマーク浄水場をつくった。しかし、一九七三年の世界的なエネルギー危機から水使用量は大きく減少している。漏水防止キャンペーン、料金上昇、市民の水源保護の必要性に対する理解も大きく影響している。最大浄水能力一八〇〇万m^3／年のライホから水量の順に、ライネマーク、スノスウ、スラングロップ、トースボー、イスロボー、マービアー、ベ

イスロボー浄水場のろ過池

ルビイ浄水場である。地下水には、乾燥の長期化や汚染による取水停止があり、また、事故対策も含めて、表流水を予備とした浄水場の保守管理が行われている。

汲み上げた地下水の処理は、曝気、前ろ過、後ろ過、モノクロラミンの残留である。表流水処理は、湖水に、硫酸、硫酸アルミニウム、活性シリカの添加、凝集沈澱、塩素添加、亜硫酸ガス、亜硫酸ソーダでの脱塩素、前ろ過、急速ろ過、モノクロラミンの残留である。水質は、色度二～七度、過マンガン酸カリウム消費量二・八～八・七mg／L、蒸発残留物四七二～六四八mg／L，カルシウムイオン一〇四～一三六mg／L，硝酸イオン一～一二・五mg／Lの範囲である。

地下水の多くの汚染は、化学物質の規制以前の土地埋立て、工業地帯の土壌と地下水からの移動で起きている。特に砂や砂利が掘られた跡地に都市からの建設廃材が運ばれ、地下水を汚染した。汚染土での埋立を中止し、井戸周辺にゴミの持込みを禁止して効果を上げている。井戸の閉鎖は、新聞で大きく取り扱われ、最近も二つの井戸から除草剤ジクロロベニルとその分解物が検出され、取水が停止された。この数十年間に農家では二〇〇種以上の農薬が利用され、分解を待つより方法はない。しかし、農薬は中止ではなく、規制の方向である。現在は湖水を浸透させ、地下水をつくる実験を開始している。今後、必要になる技術は、表流水の処理より汚染地下水の処理である。

一九九五年の国連「水の日」に、新聞、バス、列車、タクシーに節水の広告を出したり、本館のフェンスの外に向けて節水を宣伝する水ゼロメーターの展示をしている。目標は二〇〇一年の一一〇L/日・人である。すべての水道利用者は、メーターを設置し、家族で使用の場合は年一回正直にメーターを読み、葉書で報告している。

街の中の噴水

三五　オスロ〈豊富な湖水原水と多量の漏水〉

ノルウェーの首都オスロ市の水源は、市を取り巻く全取水地区面積三三二km^2の森林地帯の表流水で、水質の保全された四〇の湖から一億三四〇〇万m^3／年の取水が可能である。浄水は、オスロの北と東の四つの浄水場から自然流下で市と隣の自治体の約五二万人に配水管長一五一五kmを通して給水されている。圧力ゾーンは四二地区で、途中に配水池二〇（全容積二一万七四〇m^3）、ポンプ場二九、減圧弁一五三、マンホール四万五六〇〇がある。オスロ市郊外では酸性雨問題はなく、自然が保たれ、水道原水はやや低いpHの軟水である。

マリダーレンを水源とした水道が一六二四年の大火災の後に初めて木管を利用して設置された。一八四五年には王宮へも給水され、一八六六年以後はオーセットが主な水源となっている。オスロの全浄水量は、一九四〇年より急増し、一九六六年に最高値一億二〇〇〇万m^3を超えた。水消費は増加したが、その多くは漏水量が占めており、料金が漏水防止工事費より安いため長く放置されていた。過去の最大浄水量は、一九九一年の四四万一〇〇〇m^3／日、最近の最大量は、一九九六年の一億一〇〇〇万m^3／年で、漏水量はなんと四〇・五％にも達している。

オスロの北にあるオーセット浄水場は、浄水能力五一万八四〇〇m^3／日で、通常は市の給水の八五～九〇％を占めている。処理は、曝気とマイクロトレーナー、塩素である。オスロの北にあるアールンシューエン浄水場は、能力約一万三〇〇〇m^3／日で、市の二％を供給し、処理は、〇・五mmの粗いスクリーニングと塩素である。オスロの北西にあるラングリーア浄水場は、能力約三万m^3／日で、処理は、同様に〇・五mmの粗いスクリーニングと塩素である。しかし、この浄水場は、腐植物の含量が高いため予備として利用され、水質平均値は、過マンガン酸カリウム消費量九～一九・三mg／Lの値もある。

最も高度な処理を行っているスクッレルード浄水場は、オスロの南東にあり、原水は、海抜一九五mのエルヴォ

岩盤をくり抜いてつくられたスクッレルード浄水場

ーガ湖から四kmをトンネルと直径一〇〇〇mmの鋼管で浄水場まで運んでいる。市の給水の一〇%を供給し、浄水能力四万三二〇〇m^3／日の通常処理は、腐食防止のため二酸化炭素と消石灰溶液とを添加、硫酸アルミニウム添加、凝集、三層の直接ろ過、塩素添加である。オスロの水位が低下した場合の浄水能力一五万五五二〇m^3／日の緊急時処理は、マイクロストレーナー、塩素添加による消毒である。フロックの生成は全四池、直接ろ過は全六池、マイクロストレーナーは三台である。直接ろ過のろ材は、砂利と厚さ〇・六mの砂の上に、同じ厚さで直径一・九mmのビーズ、同じ厚さで三・二mmのビーズが入れられている。

北欧ではフィヨルドの海岸で砂浜がないため塩化ビニル製ビーズが安価に利用されている。緊急運転時に使用するマイクロストレーナーは、ナイロン製で、六四μmである。次亜塩素酸ソーダ、消石灰、硫酸アルミニウム、二酸化炭素、ポリマーが貯蔵保管されている。スラッジは五%の濃度で、市の下水処理場へ送られる。

この浄水場は、高さ一五mぐらいの岩盤に穴を開け、低地区用の浄水池二池(各容量一万五〇〇〇m^3)と高地区用の浄水池容量七〇〇〇m^3も含んだ合計約一一万m^3の岩石を掘り出し、必要部分をコンクリート構造とし一九九四年に完成している。水路と配水池の水に接する部分、床、トンネル通路もエポキシ樹脂で仕上げてある。地震がなく、岩盤の強さが日本とは違っている。タンクローリーで薬品を運び入れる浄水場入口は、山の岩盤に神殿を想わせる曲線を入れてつくられ、積雪とつららに囲まれている。浄水は、pH八、色度三、濁度〇・二、カルシウム硬度一六mg／L、他の浄水水質は、pH六・二〜六・九、色度七〜二八、濁度〇・二〜〇・五、カルシウム硬度三〜五mg／Lで、水質の基準は、国立公衆衛生研究所とEU指令に従っている。

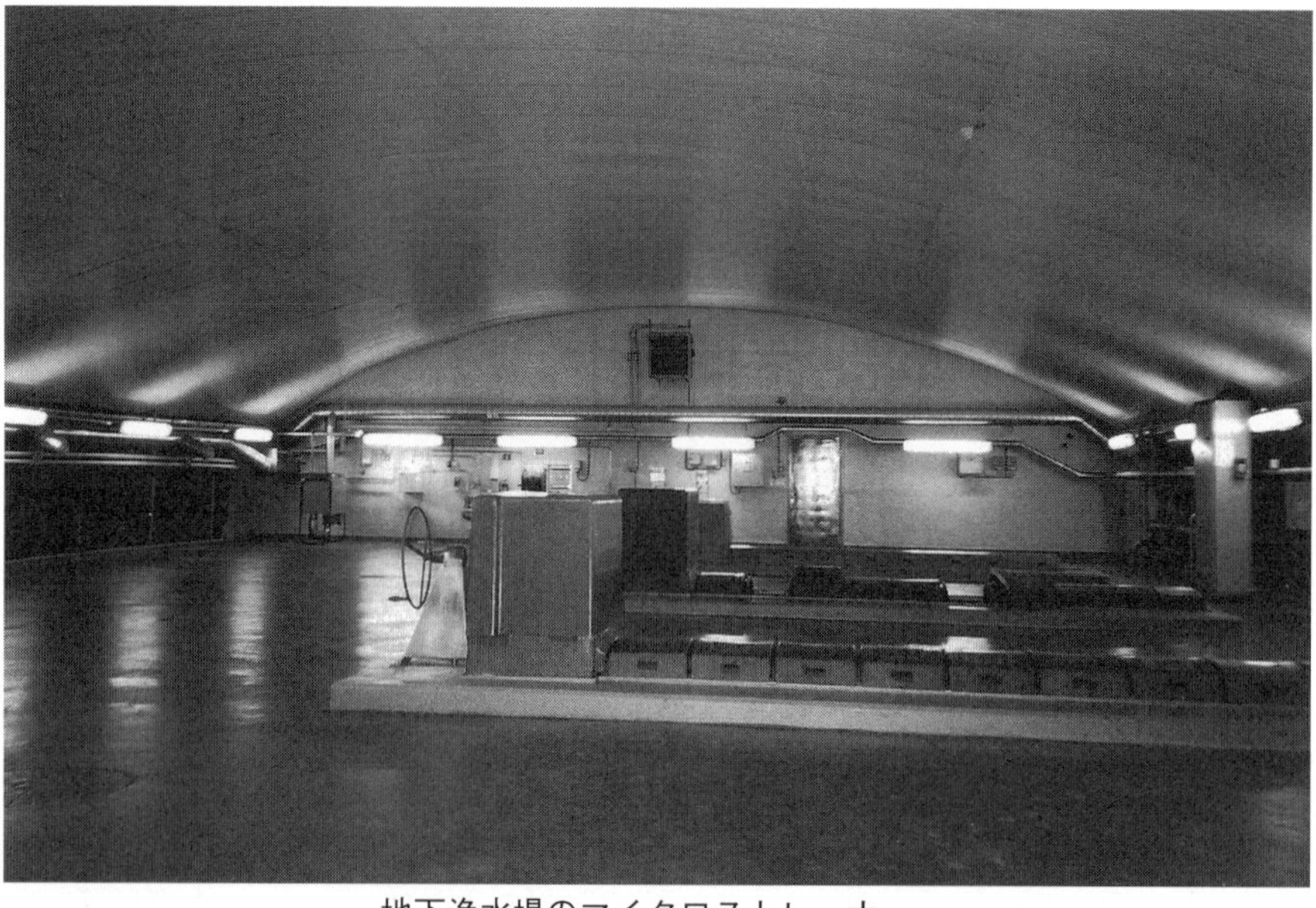

地下浄水場のマイクロストレーナー

三六　ストックホルム〈水は自然からの借り物〉

スウェーデンの首都ストックホルムは、多くの群島に囲まれ、メーラレン湖とサルトショーン湖との間にある「橋の間の市」として発展した。市と近隣の一〇の自治体の約一〇四万三〇〇〇人に二つの浄水場から一億三一四〇万m³/年の浄水を四〇の配水池とポンプ場、八つの給水塔、一八〇〇kmの配管を通して平均二四時間で送っている。メーラレン湖とボーンショーン湖を水源とし、浄水はノーシュボリィ浄水場で六四%、ローヴウォー浄水場で三六%がつくられ、サルトショーン湖への自然の流れの約四%を水道へ利用している。ボーンショーン湖は、もしメーラレン湖が汚染を受ければ、予備的な水源として、市の水需要の半分を五箇月間以上も供給が可能である。水道システムの高い信頼性を示すため、片方の浄水場を停止する実験も行っている。以前は湖に一部の下水処理水が放流されていたが、処理水の放流トンネル完成後は、新鮮な原水から浄水がつくられている。

ストックホルムウォーター(ストックホルムヴァッテンアーベー)は、上下水環境関連の水管理を市と市民と一緒になって行う環境技術の会社で、職員は約六三〇名である。この数年の使命は、

① 健康でおいしい水を消費者へ、
② 停止することなく給水、
③ 自然に帰せる処理水、
④ 処理水中の環境汚染物質の低減、
⑤ 健康な湖、

を目標としている。水は自然からの借りもので、使用した後に自然環境に悪影響を与えないように戻している。浄水場での環境問題は、エネルギー消費、汚泥発生、塩素使用による塩素化有機化合物の生成などである。

浄水場の完成前には、多くの人が汚れた水が原因で死亡した。一八六一年、オーシュタヴィーケン浄水場がつくられ、一八八〇年代に水洗便所が導入されて水需要が増加し、一九〇四年にノーシュボリィ浄水場、一九三三年にローヴウォー浄水場が完成した。一九三四年から後

太陽光を十分取り入れた緩速ろ過池

は三箇所に下水処理場がつくられた。その後、水環境が悪化して、群島でのリンと窒素による汚染が進んだ。下水の化学・生物処理を導入、処理水放流先も変更し、一九八九年に放流トンネルを完成させている。

市内から約一五km、スエーデンの王宮のある島の西側にローヴウォー浄水場があり、消石灰注入などきめ細かな処理が行われている。長さ一〇〇mの配管で湖水を引き、二系統、〇・八mmのスクリーン、硫酸アルミニウム添加、冬は活性シリカも添加、フロック生成、二階層沈澱池、厚さ一mの砂ろ過、緩速ろ過六池を二~三時間で通過させる。次に消石灰溶液でpHを八・五に調整、次亜塩素酸ソーダの添加五秒後に硫酸アンモニウムを加えクロラミンとし、残留塩素濃度〇・三mg/Lで供給している。消石灰もサイロから混合機で石灰乳とし、次に希釈した後、上下流の固液分離槽で不溶性の炭酸カルシウムなどを分離し、不純な濁質を配管内へ入れず、正確なpH調整を行うため、上澄みの消石灰溶液のみを利用している。緩速ろ過池は、年に二回表面の三~四cmの砂を削り取り洗浄している。電気分解方式の次亜塩素酸発生装置では、イオン交換水による食塩水から一%の次亜塩素酸溶液をつくって貯蔵し、希釈して利用している。浄水の処理には約一二時間を必要とし、年間約七八〇件の水質分析を行っている。

オゾン処理の実験は、ノーシュボリィ浄水場で実施した。凝集剤の添加量が少なくなるが、フミン酸などの酸化により、微生物処理が必要となり、配管内での微生物増殖に対して塩素が必要となることがわかった。将来は、湖の水を人工の浸透池に入れ、砂でろ過後、一度、地下に浸透させ、浸透後、井戸から地下水として汲み上げ給水する。沈澱のための化学薬品が不要となり、塩素消毒も省略、あるいは添加量を減らすことができる。市民には、「湖は決して乾ききることはないが、水を賢く使うよう」に説明している。また、一九九二年より毎年開催している世界の科学者と技術者を集めた国際会議ストックホルム水シンポジウムは有名である。

消石灰溶液からの濁質除去

三七　ヘルシンキ〈消費量の低迷による配管内の水質悪化の懸念〉

ヘルシンキでは、フィンランドで二番目に大きなパイヤンネ湖に世界最長のパイヤンネトンネルをつくり、七〇〇〇万m³/年の水道原水を導いて、首都と近郊三つの自治体の一〇〇万人以上に給水している。水は、二つの浄水場から消費者へ、消費者から下水道へ、ヴィーキンマキ下水処理場、カタヤルオトトンネルを通してフィンランド湾へ流れている。ヴァンハカウプンキ浄水場とピトゥカコスキ浄水場(一、二系)があり、浄水能力は、二・五m³/s、一・八と一・五m³/s(一、二系)であるが、実際は能力の四〇%程度で運転されている。浄水は、五つの圧力ゾーンに配管全長一〇七五kmと全容量一〇万二五〇〇m³のきのこ型の高架水槽八つから送られる。七箇所のポンプ場があり、配水管網には約七〇〇〇の消火栓、約一万一四〇〇のバルブ、約二万六〇〇〇個のメーターがつながっている。配管の八〇%が鋳鉄管で、凍結を避けるため地下二mの深さに設置され、漏水率は約一〇%で、水消費量は二八八L/日・人と毎年減少している。

一九八四年から市の上下水道部門が一緒になり、公共の企業ヘルシンキウォーター(ヘルシンギンヴェシ)を設立し、一九九四年にはフィンランド湾の水質保全と他の北海の国々の水処理施設の整備のため、エストニアのタリン水サービス、ロシアのサンクト・ペテルブルグ水サービスを参加させ、職員四五〇名で上下水道と環境の仕事をしている。

水道は、一八七六年一二月、ヴァンターンヨキ川河口からの水をポンプで給水人口たった二万五〇〇〇人のヘルシンキの町に供給した。初期は未処理の河川水であったが、八箇月後に砂ろ過による処理を行っている。一九〇九年にアルッピラに高架水槽を含む配水系がつくられた。硫酸アルミニウムを用いた化学処理をヨーロッパで最初に導入した。一九二八年にヴァンハカウプンキ浄水場、一九五八年にピトゥカコスキ浄水場が完成した。一九七九年にオゾン処理を導入、一九八二年、市の北部パイヤンネ湖に世界最長のトンネルをつくり、水源を切り

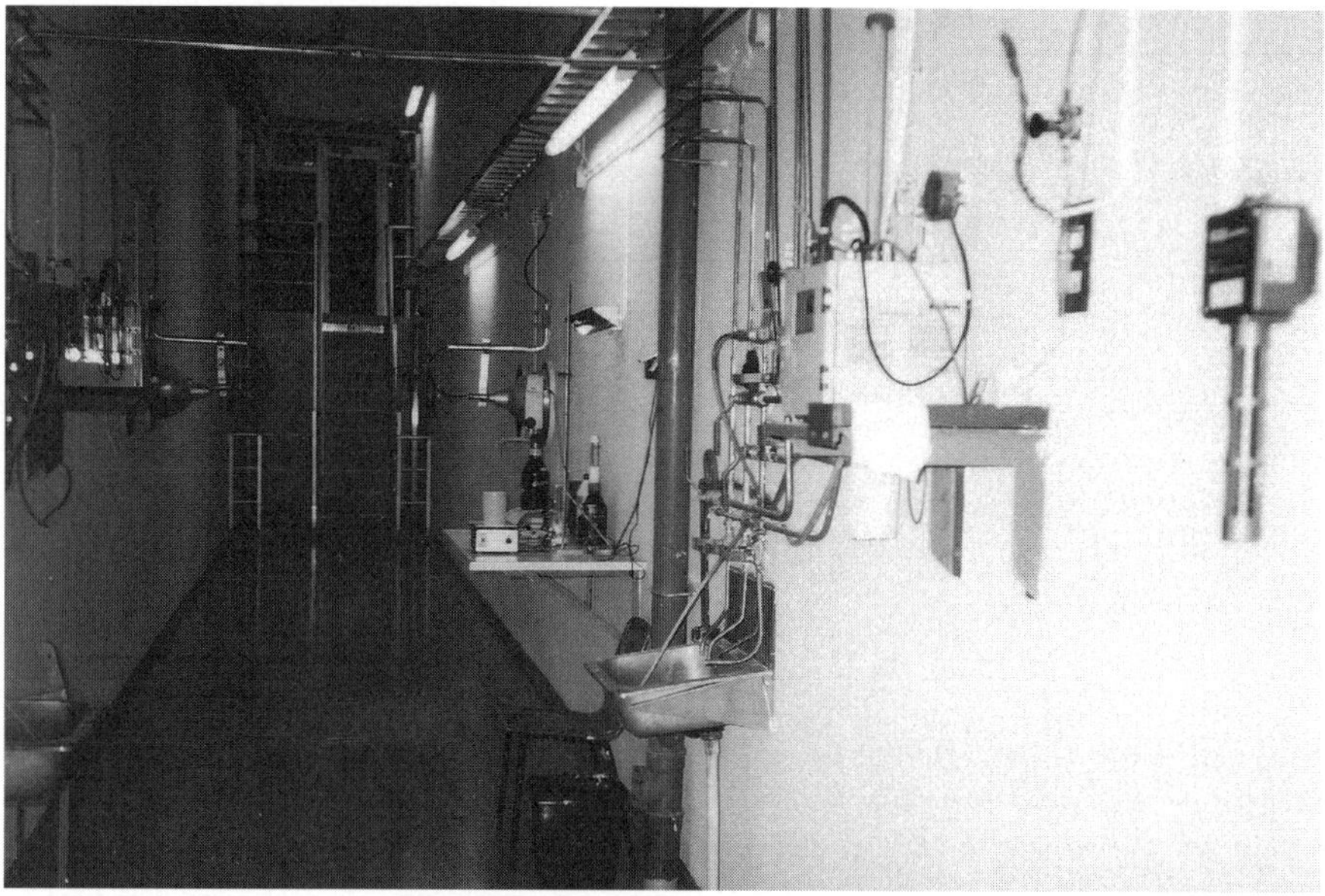

オゾン反応槽．溶存オゾン濃度測定部

換えている。

トンネルは、長さ一二〇km、平均断面積一六m²、地下三〇～一〇〇mの深さで掘られ、取水量は、湖の自然流出量の年間一％で、環境に影響を与えない。アシッカランセルカ取水場では、三〇mmとバスケット型〇・五七mmのスクリーンで年間を通して三～一二℃の低水温の水を取水し、途中、地表から八〇mの深さのカッリオンマキ発電所とポンプ場、地下六五mのコルピマキポンプ場、ユラストバルプ場を通ってシルヴォラ貯水池とヘルシンキの浄水場へ送っている。

処理は、二酸化炭素注入、消石灰溶液添加、硫酸アルミニウム添加、フロック生成、沈殿、砂ろ過、消石灰溶液添加、オゾン、次亜塩素酸ソーダとアンモニア添加、消石灰溶液添加である。次亜塩素酸ソーダ添加後、数秒でアンモニアを添加しクロラミンとする。オゾンは大型オゾン発生器三台で、現在はオゾン処理後の接触池に粒状活性炭を導入している。オゾン注入率は、〇・七～一・一mg／L程度である。

湖の水質は、最北部のパルプ工場に対して厳しい排水規制を行い、原水として水質を改善してきた。水質は、トンネル利用のため大気からの汚染は受けず、安全、臭い、味、外観の四点について問題はなく、塩化物イオン六・三mg／LとフィンランドやEUの目標より良い。粒状活性炭ろ過を導入し、オゾン処理後の有機物を除去し、飲料水水質をできるだけ良質の地下水に近いものにしている。クロロホルム濃度は、オゾン処理の導入、原水の切替え、クロラミンの利用により一〇〇μg／Lから〇・二μg／L以下になった。

水消費量は、一九四〇年代末から一九七〇年代にかけて増加したが、その後、人口と工場が減少したことと、浴槽からシャワーへの転換、節水タイプの設備が開発されたことなどから低下している。上下水道は、都市基盤として完成したが、今後は水消費の低迷で、配管内での水質悪化が心配されている。

魚による原水モニタリング

三八　モスクワ〈表流水水源のため絶え間ない監視が必要〉

ロシアにおける最大の水の消費者を持つ。モスクワ市企業体のモスヴォドカナルは、市民一二〇〇万人を対象に、従業員一万五〇〇〇人で上下水道の業務を担当している。

モスクワ市は八五〇年以来存続し、一二世紀に高い丘の上にクレムリンの最初の建物が建てられた。当時の給水システムは原始的で、内陸の農場や道路につくられた噴水からバケツで水を汲み取るものであった。市内の建物が木造で消火用の水がなく、多発する火災のため多くの陳情書が出され、女帝カテリーナ二世は、バウアー将軍に「首都のために水道事業を行うよう」命じた。一八〇四年一〇月、ヤウサ川の上流にある地下水源から水質の優れた水を自然流下で市民へ二〇〇〇m³/日で送った。以後、市の水道は、産業、鉄道交通、交易の発達とともに発展し、一九一一年にブリュセルで開催された国際展示会で、モスクワは、都市の衛生設備およびその保持に関して第一位を獲得している。

現在、水源は、ボルガ川とモスクワ川、集水地区はモスクワ、トベリ、スモレンクスの三つの地区、全面積五万五〇〇〇km²である。一三箇所の貯水池、四箇所の浄水場、一八箇所のポンプ場と六箇所の調整池(全容量は一日の供給量の約三%)、約九〇〇〇kmの配水管網で、全浄水量は最大六七二万m³/日、平均の給水量は四〇〇L/日・人となる。

運河を通してボルガ川から取水する北部浄水場と東部浄水場、モスクワ川から取水する西部浄水場とルブリョボ浄水場がある。いずれも水源は河川表流水である。

東部浄水場では、水の色度が最高八〇、通常でも四〇～五〇度であり、着色除去を目的に二〇年以上にわたってオゾン処理設備が稼働している。ボルガ川からの水を運河と配管で二八km導き、沈澱、前塩素二・五～七mg/L添加、スクリーンを通し一・七km導水して前オゾン処理を行う。原水濁度は低いが、色度が高いため、塩素のみの処理では対応できず、色度一〇度を目標にオゾン処

モスクワ川

理を導入した。夏は凝集剤の効果で比較的脱色できるので、オゾンの使用量は少なくなる。処理後、塩素一・〇〜一・五mg／L添加、硫酸アルミニウムの凝集沈澱、ケイ砂とアンスラサイトの砂ろ過、後オゾン処理、アンモニアと塩素のクロラミン消毒を行っている。浄水能力は、一〇〇〜一五〇万m^3／日で、オゾン発生器の台数を増やし、最大二〇〇kg／hのオゾンを発生している。オゾン濃度は、九〜二五g／Nm^3、注入量は、三〜五mg／Lである。従来の処理でも原水水質が極端に低下した場合には、臭気除去に粉末活性炭、酸化のために過マンガン酸カリウムが使用されている。

モスクワ川は、春と秋の洪水を除き、貯水池を含め安定した良い水質である。しかし、一時的な有機物汚濁による水質悪化が起こる。近年、汚染や事故の危険性が高く、貯水池からモスクワの取水口まで約二〇〇kmで、畜産排水、農業排水、工場排水、都市排水が流れ込み、時には強烈な汚染のため悪臭も発生している。

オゾンの新しい利用法がルブリョボ浄水場などで検討されている。使用薬品に関しても、水温二℃以下の冬に天然有機物をよく除去するアルミニウムオキシクロライドの効果が見出されている。新しい浄水の処理方式は、

オゾン発生器群

前塩素、凝集、沈澱、オゾン、砂ろ過、オゾン、活性炭、クロラミンの工程である。

モスクワの水源は、すべて表流水であり、高い水質を保証するためには、絶えず注意を払わなければならない。集水地区が広大であるため効果的な監視が必要で、一〇〇箇所の観測地点を決め、その四五箇所で毎日短時間の分析を行っている。水質分析は、年間平均して約二五万件以上である。フランスとの共同で水質監視分析センターを充実させる方向にある。

モスクワの水道は、昔から鉄錆の問題で有名である。配管は、鋳鉄管七〇％、鋼管三〇％で、コンクリートやプラスチックは一％以下である。ホテルの風呂でも初めに錆が出て、その後もフミン質の色が残っている。水道事情が異なるため、日本と同じ水を蛇口に求めるべきではない。モスクワには、消費者へ配管で送る水と、ボトルに詰めて届ける水があり、水道事業体のモスヴォドカナルも積極的にボトル水の販売業務を行っている。将来は、現在の表流水系の浄水に大モスクワ地区の地下水水源から約一三〇～一八〇万m^3／日の地下水を加える予定である。

三九　ワルシャワ〈飲料水の二つのシステム。水道水とコミュニティの井戸水〉

ワルシャワは、ポーランドの中東部ヴィスワ川中流域にある首都で、市の中心部にスターリン時代の遺産であるロシアからポーランドへ贈られた巨大で異様な文化科学宮殿がそびえる。スウェーデン軍の侵略、ロシア、プロイセン、オーストリアによる分割、ロシア領としての発展、独立、ロシア軍との攻防、第二次世界大戦、ナチスの占領、ワルシャワ蜂起など激動する歴史の中、一九八九年に社会主義から民主化、市場経済へ移行している。人口は約一七〇万人、降水量は五二〇mm/年である。

三つの浄水場からの平均浄水供給量七一万二〇〇〇m^3/年が、全給配水管網七八六一kmを通して市民へ供給されている。現在の水源の三分の二は、ヴィスワ川の河川水と市の北へ三五kmのブーク川とナーレフ川の水を集めるゼグジニスキ人工湖の湖水である。

水道の歴史は、一六世紀末に始まり、一六〇七年には木の配管で町の貯水池に供給する水供給システムがつくられた。一九世紀の初めにヴィスワ川から汲み上げた貯水池の水に切り替えられた。河川水の水質は十分に良く、一八八六年七月に貯水池、沈澱池、緩速ろ過の流れで水を浄化し、配水管網へ給水するシステムが完成した。第二次大戦後は湖に北部浄水場がつくられ、一九六四年には一五本の配管を放射状に並べた集水井インフィルター方式を基本としたプラスキ浄水場が完成した。また、一九六七年にフランスの水処理会社より新しい凝集沈澱設備を北部浄水場へ導入し、一九八六年に完成して、ワルシャワ市の水道システム百年祭を行っている。

最も古い中央浄水場は、ヴィスラ川左岸にあり、浄水能力は平均三六万m^3/日である。湾状になった取水場から取水して沈澱池に導き、二つの系で処理される。第一系は、急速ろ過、緩速ろ過、消毒、第二系は、前塩素、薬注、パルセーター、急速ろ過、消毒を行い、浄水池で混合され、市の配水管網に送られる。河川水の水質悪化により一九九〇年からインフィルターの水を引いて第一系を切り替えている。

広いコントロール室

プラスキ浄水場は、ヴィスラ川の右岸にある三つのインフィルター取水からなり、浄水能力は平均一八万一〇〇〇m^3/日、川底の下一五mの深さから横に長さ七mの取水管を入れて取水し、急速ろ過、消毒後、浄水池から水供給配管網にポンプで送られる。河川水の水質低下に対しては、近代的な水処理新技術を導入する予定である。

北部浄水場は、湖水を利用した最新の浄水場で、浄水能力は平均一七万一〇〇〇m^3/日、処理は、前塩素、凝集、急速ろ過、最終消毒で計画されていたが、現在は水質的な検討の結果、前オゾン、薬品混合、パルセータ、急速ろ過、オゾン、活性炭、塩素、もしくは二酸化塩素の処理へ向かっている。オゾン発生器は、容量二〇kg/hが二台、前塩素をなくしたため、沈澱池には小魚がいっぱい泳いでいる。一九八七年から処理工程を順次変化させ、前塩素の停止、前オゾン、凝集、砂ろ過の導入に転換した結果、塩素使用量は、従来の一四mg/Lから三mg/Lに減少し、オゾン三mg/Lの注入により全トリハロメタン濃度も一〇〇〜一二〇μg/Lから三〇μg/Lへ低下させている。

ポーランドには、まだ水質を管理・監督する組織がなく、飲料水について二つのシステムがある。市民は、水道の水をあまり飲まず、コミュニティにある井戸水を飲料水としている。レンガ造りの建屋には数日前に測定された水質一〇項目、微生物三項目の結果が張り出されている。高層住宅の部屋へ毎日ボトルで飲料水を運ぶ作業は大変ではあるが、これも安心できる飲料水を考えての行動であろう。

市民はコミュニティの井戸水をボトルで

ポーランドには、北のバルト海へ流れる大きな二本の川、ヴィスワ川とオドラ川があり、最近まで、下水は溝から直接川へ流していた。一九九〇年、北欧からの援助でチャイカ下水処理場が川の右岸につくられ、下水道関連の整備はこれからである。

四〇 クラクフ〈海外協力のもと、オゾン処理で安全な水づくり〉

ビスラ川上流にあるポーランド第三の都市で、人口約八〇万人である。一六一一年までポーランドの首都として機能し、第二次世界大戦の戦禍に巻き込まれず、中世の町並みがそのまま残り、都市全体がユネスコの世界遺産に登録されている。クラクフ地区全体の水道と排水は、公益上下水事業の株式会社が担当し、四つの表流水処理の浄水場と地下水源から平均二二万四〇〇〇m^3/日を、配水管網全長一五二七km、配水池五〇池を通して給配水している。職員は、一九九六年末で約一一五〇名である。

一三世紀に既にローマの水道と同様な最初の水道システムが存在し、一五世紀の初めに近代的な水道システムが構築されている。その主要部分は、教会近くにルダヴァ川の開放された水路がつくられ、汲上げ部の付いた水車で水を小さな桶に入れ、木管によって町の所々と家の中に直接送るものであった。一六五七年のスウェーデン軍の侵入により、この給水システムは完全に破壊され、二〇〇年以上も再建されることがなかった。その後、市の給水ポンプを利用したシステムにより、現在のビェラニィ浄水場から地下水を一万六〇〇〇m^3/日の供給とした。その公式な通水開始は、一九〇一年二月一四日で、もう百周年になる。

ラバ浄水場は、ドブチツェ貯水池からの水を浄化し、市の水需要の五二%である約一一万六〇〇〇m^3/日を供給している。処理は二系統あり、汚染度合いにより、急速攪拌、凝集を行い、フロック生成、沈澱池、砂ろ過を通し、塩素で消毒する一系と、その沈澱池をアクセレーターに替えた近代的な二系である。浄水を二本の六km配水管でゴシュクフの高地配水池へ送り、自然流下でシェルチャ配水池へ、そして流量と圧力を制御して市の配水管網へ送っている。

ルダヴァ浄水場では、河川水を水源とし五~六万m^3/日の浄水を生産している。この浄水場は、ポーランドで初めて凝集プロセスを導入したところで、一九九三年、砂ろ過と粒状活性炭を導入し、消毒の塩素を二酸化塩素に替えている。

　ドゥーブニャ浄水場も河川水を水源とし、浄水能力は平均三万一〇〇〇m^3/日である。硫酸アルミニウムの凝集、沈澱、急速ろ過、消毒が行われる。さらに給水地区に八本の井戸から合わせて六〇〇〇m^3/日の地下水をブレンドし、近くの家庭に給水している。

　ビェラニィ浄水場は、一九〇一年に通水した最も古い浄水場で、緩速ろ過を基礎とした人工のインフィルター方式で河川水を浄化し、浄水能力は平均一万七〇〇〇m^3/日である。長さ一・五kmの川岸に沿ってつくられた特別な池に河川水を送り、一〇mの砂層をゆっくりと通して濁質や汚染物質を除き、浄化された水を再び一〇〇本の井戸を通して集めている。水はサイホンを用いてポンプ場に集め、オゾン処理と消毒を行うものである。四台のオゾン発生器が設置されているが、水源を切り替えたためオゾンは必要なくなり、停止中である。オゾン発生器の利用についても歴史があり、初めはドイツ製、次がハンガリー製、三代目がフランス製である。

ビェラニィ浄水場

　水質研究所は、ビェラニィ浄水場の歴史的な建物内にある。一九九一年、アメリカのブッシュ副大統領のポーランド訪問の折、米国政府は、市の水供給システムの更新と改良のため四〇〇万USドルを寄付することを決めている。この浄水場への研究設備、水源から浄水場までの自動水質分析装置、ラバ浄水場に前オゾン処理として三〇kg／hのオゾン発生器が四台納入されている。これらは、アメリカ環境保護局の協力のもとで行われ、臭味の問題、クリプトスポリジウムの問題までオゾンで解決することができる。一九九六年には「アメリカ環境保護局よ、きれいな水を送ってくれて有り難う」との小冊子が発行されている。

都市全体が世界遺産

広場での浅井戸利用

四一　プラハ〈七七年間、組成変化しない掘抜き井戸水〉

チェコの首都プラハは、中央ボヘミア中心部に位置し、エルベ川の支流ヴルタバ川が流れる。カール四世が一三四六年に帝国の首都と定め、中世ルネサンスを開花させた最も古い市街区スタレー・ムニェストがある。一九一八年にチェコスロバキア共和国として独立し、第二次大戦中はナチスに占領され、一九四五年に新政府を樹立し、一九四八年に社会主義体制へ移行した。そして、一九六八年の「プラハの春」を経て、一九九〇年代に市場経済へ移行した。チェコとスロバキヤは、一九九三年より平和的に分割している。大陸的気候で、降水量は五二三mm/年である。

プラハ水道プラズスケー・ヴォダーニルは、二つの表流水の浄水場と地下水の浄水場から平均七二万八〇〇〇m^3/日の浄水を配水池六六池（全容積八四万m^3）、ポンプ場四九箇所、配水管長二九八三km、給水管長五八八kmを通して約一二〇万人に給水している。浄水量は、一九九〇年過去最高の二億六〇〇〇万m^{3}から一九九六年の二億五〇〇万m^{3}へと低下している。

水道工事の歴史は、古文書などに記録され、水道博物館に大切に保存されている。一一四二年、ストラホフ修道院へ水の供給が始められ、一二世紀にヴィシェハラド城へ、一三三三年にズブラスラフ修道院へ、一四世紀の前半にプラハ城への供給も行われた。一五世紀には水源としてヴルタバ川が積極的に利用され、岸には木造の水道塔がつくられ、町の中に木管が配置された。一六、一七世紀のルネッサンスの水道システムは優れていて、一八八〇年代まで機能し、現在も石の水道塔四つが残っている。一九世紀の終わりには伝染病の発生により河川水を用いた給水システムは悪化し、河川水をろ過処理するポドリー浄水場が一八八二年に運転を開始した。しかし、水質についての市民の苦情は多く、一八八九年に水質の基準を作成し検討したところ、最も良いのは地下水系カーラニーであるとの結果となった。

水消費が続き、水道技術や公共性などが議論され、一

浄水場より見るヴルタバ川

八八九年に皇帝フランシス・ヨーゼフ一世は、隣の自治体と一緒になって公共水道を構築するように指示した。新浄水場の建設を開始し、一九一四年よりカーラニーから高品位の飲料水が初めて市内へ送られた。第一次大戦後、人口と工業生産の増加によって水消費が増加したが、市民はポドリー浄水場からの浄水の味を嫌っていたため、健康に害がなく、住民から苦情の出ない味の水にする新しい処理法が研究された。そしてヴルタバ川の河川水を曝気して三回の多段ろ過と緩速ろ過を基本とした浄水能力三万五〇〇〇m^3/日の処理が始められた。その後も緩速ろ過の前段に硫酸アルミニウムを用いた急速ろ過を付けたり、あるいは全段を急速ろ過に替え、能力を増加させた。浄水場の拡大と凝集剤を塩化鉄から硫酸鉄に切り替え、クラリファイアーの導入、消石灰、有機凝集剤の利用で、平均浄水量は一九万m^3/日となった。浄水場の改造は、現在も続けられ、オゾンと粒状活性炭ろ過を含む水質改善方法が準備され始めている。浄水場は、建築家アントニーン・エンゲルの設計による九体の彫像を配した立派な建物である。

カーラニー浄水場は、イィゼラ川の伏流水を砂層からバンクフィルター方式で取水する一方、川から離れた所で河川水を砂層に通し、地下へ浸透させ、ボヘミアン石灰層から流れる自然の地下水とともに汲み上げ、合計数約一六万m^3／日供給している。他に貴重な掘抜き井戸があり、地下水は七〇〇〇m^3／日ではあるが、曝気とろ過だけで乳児用の水としても十分な条件を満たしている。その水質の安定性は、全利用期間七七年を通して組成変化のないことが証明している。その歴史は古く、健康なテーブルウォーターである。

ゼリフカ浄水場は、最も大きな近代的な浄水場で、シユヴィホフ貯水池からの原水を平均四二万三〇〇〇m^3／日浄化している。原水臭気は、粉末活性炭で除去し、マンガンイオン濃度が高い場合は、過マンガン酸カリウムを添加し、凝集、砂ろ過、オゾン処理の後に塩素を添加して配水されている。

ポドリー浄水場

四二 ブタペスト〈バンクフィルターの伏流水をオゾンと活性炭で処理〉

ブタペストは、ヨーロッパで唯一のアジア系民族が占めるハンガリーの首都であり、ドナウ川西側のブタと東側のペストからなり、「ドナウの真珠」または「東欧のパリ」ともいわれる内陸の大きな都市である。降水量五七〇mm/年、人口約二〇〇万人、一九八九年より資本主義経済に移行している。ブタペスト水道株式会社の資本は、一九九一年の約一六一億HUFから六八〇億HUFに増額され、一九九七年から市七五%、フランスの水道会社二五%の資本比率となった。職員は二四六〇名である。水源は、地下水八四・八%、表流水一五・二%で、公称浄水能力は一四三万七〇〇〇m^3/日、標準で一一八万七〇〇〇m^3/日である。基本的には、ドナウ川の岸でろ過されたバンクフィルターの伏流水を北部から三分の二、南部から三分の一を得ている。配水池容量は、約三〇万三〇〇〇m^3、全配水管長は四四六五kmで、水の需要は一九九五年以降減少している。

水道の歴史は古く、遺跡として古代ローマ時代のアーチ型の導水路が残っている。一八五六年、ドナウの初めての橋である鎖橋を設計した英国技師アダム・クラークによって設計された浄水場が蒸気エンジンで運転され、一八六八年に臨時の浄水場がペストにつくられ、ブタとの水供給が開始された。水道会社のマークには、この年が取り込まれ、一九九三年に水道百二十五周年記念を盛大に行っている。飲料水を長期間供給できる浄水場の建設を目標に、一九〇四年、ドナウ川北部左岸に自然ろ過とポンプ場と配水管網を基本としたカーポスターシュメジェル浄水場、一九三四年、北部右岸にベーカーシュメジェル浄水場、一九六七年、表流水の処理を行うウーイペシュト浄水場がつくられた。一九八四年には、南部チェペル島のラーツケヴェ浄水場にオゾン処理が導入され、その浄水能力は一五万m^3/日である。一九九四年、市が株主となるブタペスト水道株式会社が設立され、一九九六年には、チェペル浄水場にオゾンと活性炭ろ過の浄水能力一五万m^3/日の新設備が完成した。現在、井戸は全

ヨーロッパのメーカーがつくったコンパクトなチェペル浄水場

部で七七〇本あり、上流のセントエンドレイ島に五五九本、下流のチェペル島に一七二本、他の地区に三九本、内訳はバンクフィルター七五八本、深井戸一二本である。

チェペル島では、一二五年以上もバンクフィルターの伏流水を用いていたが、河川の汚濁により、地下水に混入する伏流水が溶存酸素を奪い、鉄イオンやマンガンイオンを含む井戸水となった。最新の浄水場は、ハンガリー政府の支援を受け、海外の建設会社が二年もかからず短期間に完成させた。建設会社との契約は、性能保証三年、その他の保証五年で、浄水場の運転に関連した装置のグリース、油、プラグなど消耗品の再充填、補充を行うことになっている。井戸三六本からの地下水を原水槽へ送り、そこから原水ポンプで揚水し、自然流下で処理する。処理は、三段の多段曝気で鉄イオン、マンガンイオン、腐食性炭酸を除去し、pHを安定化させ、四池のオゾン反応槽でインジェクターとラインミキサーによりオゾンを混合する。反応槽は、七分間の滞留で設計され、オゾン停止時には過マンガン酸カリウム溶液での処理も可能である。酸素原料のオゾンで、濃度一〇%、添加量〇・二〜一・二mg/L、排オゾンは加熱して分解する。オゾン処理水は、pHを調整し、高分子凝集剤〇・七〜一mg/

Lを添加、砂ろ過および活性炭を通し、逆洗水槽で塩素添加、浄水池で塩素〇・五mg／L添加して残留塩素〇・三mg／Lとして配水される。

ろ過水の鉄イオン、マンガンイオン、濁度、アンモニア性窒素を二〇分、四〇分間隔で測定しているが、アンモニア性窒素は、活性炭ろ過後も除去されていない。設備は、コンパクトにまとめられており、浄水場入口の大きなパネルには、プラント全体図とフランス、ドイツ、スイスなど設計四社、設備機器メーカ一〇社、下に施主のブダペスト水道のマークが配置されている。なお、ブタペストの水質に関しては、市内で味わえる三種類の飲料温泉水と歴史四〇〇年のルダ温泉も忘れずに紹介しておきたい。

活性炭ろ過池

四三　ウィーン〈水道も噴水もミネラルウォーター〉

ドナウ川上流に位置するオーストリアの首都ウィーンは、ヨーロッパに七〇〇年間君臨したハプスブルク家で有名である。ブタペストから水中翼船で六時間ドナウ川を上り、水門を二度通った所に位置する。人口約一六〇万人、降水量は六〇八mm／年である。一部に地下水や河川表流水からの水もあるが、原水の九七％を山からの水で占め、水質はトップクラスである。ヨーロッパの都市で、平均約四〇万m^3／日もの水道水を優れたアルプスの泉の水でまかなっている所は他にはない。導配水管長は、三二三四kmで、水道関係者は、設備の保守、運転、監視、水質管理など約六〇〇名である。

かつて貴族たちは、特別の水路を持っていたが、市民は約一万本の井戸から水を得ていた。一七二四年まで下水処理設備がなく、井戸が汚染され、コレラ、チフス、ペストが流行した。王室の支援を受け、ハイリゲンシュタットポンプ場から地下水を汲み上げ供給するカイザー・フェルディナント水路が一八四六年に完成した。この水路は、古代ローマ時代につくられたものと同じ通水能力五〇〇〇m^3／日であったが、後に拡大されドナウ川のろ過水も加えられたため、水質は悪くなってしまった。一八七〇年に人口六三万五〇〇〇人に達し、この水路からの水の使用は、一六L／日・人に制限された。大規模な給水系統である第一山岳湧水水路は、三年の建設工事で完成され、公式の給水開始日は、一八七三年シュヴァルツェンベルク広場のホッホシュトラール噴水に通水した日となっている。現在、この水路は、「水不足と伝染病に対する恐怖を乗り越えたウィーンの勝利のシンボル」として存在している。以後、シュネーベルクやラックス地区の泉、ヘレンタール渓谷のカイザー泉、シュティクセンシュタイナー泉、そしてプファンバウアーン泉からも加えられ、豊かな水源になった。特にプファンバウアーン泉は、標高七九五mの山の側面から湧き出て、水温は五・五～七・五℃、ドイツ硬度で六～一一度、湧水として優れている。合計で約二二万m^3／日を供給している。

ドナウ川で発電

二〇世紀となり第二山岳湧水水路の工事が始められ、スティリアのホッホシュヴァープ山とザルツャタール地区から泉の水をウィーンに送る水路が一九一〇年に完成し、市庁舎公園に二つの噴水が吹き上げた。自然流下で二三万四〇〇〇m^3／日の水供給を行い、市の需要の約半分をまかなっている。他に最大六万m^3／日のローバウ地下水系が二つの水路を補うためにある。

　第一の水路は、長さ一〇〇kmで、湧水は二四時間で、第二の水路は、二〇〇kmで、湧水は三六時間をかけてウィーンに届く。途中で二酸化塩素を〇・一一〜〇・一五mg／L添加している。これら取水地区、水系の環境は、一二五名の職員によって監視・保全されている。硝酸イオン濃度が第一系三・八、第二系二・一mg／Lとなっており、注意する必要がある。表流水処理は、急速ろ過と緩速ろ過で、近くの自治体にも供給しているが、水温一四〜一五℃でおいしくない。他に水質の良い地下水を汲み上げているが、その地区の農家と水の所有に関して問題が起きている。

　水道料金に漏水は無視できず、一九六〇年の水供給法令の一五条に「公共水域の消費者は、内部の水供給状態を正常に保つことに責任を持ち、問題があったら部品器具などを交換するために許可された工事店をすぐに呼ばなくてはならない。また年四回の水漏れ検査を行うこと」と決められている。

「水を制するもの国を制す」との言葉どおり、ウィーンでは、市の南西部アルプスからの湧水をほぼ無処理で飲料水にし、東北部のドナウ川の流れは、制御して洪水を防止して、水力発電により市内には頻繁に路面電車トラムが走り、地下鉄の駅にはどこにもエスカレータとエレベータがあり、エネルギー的に理想的な都市を構成している。水道関連の二つの博物館と「すてきな都市、ウィーンの水の世界」と題した水道公園があり、二〇tの御影石二個を用いた中島修氏のオブジェもある。

市庁舎公園の水飲み場

（III）アメリカ

親水設備を持つビルが目立つバンクーバー．
かつての森林地帯で植物を植えた池も

世界遺産旧ハバナ市街地の水道事情．汚染を避け給水車とバケツによる給水

北米の淡水源，五大湖のナイヤガラ瀑布．
われわれの水道水と同様な水質

（Ⅲ）アメリカ

1.オークランド
2.サンフランシスコ
3.ロサンゼルス
4.ツーソン
5.オクラホマシティー
6.シュリーブポート
7.ベイシティー
8.マートルビーチ
9.ニュージャージー
10.バンクーバー
11.エドモントン
12.ウイニペグ
13.ナイヤガラ
14.モントリオール
15.メキシコシティー
16.ハバナ

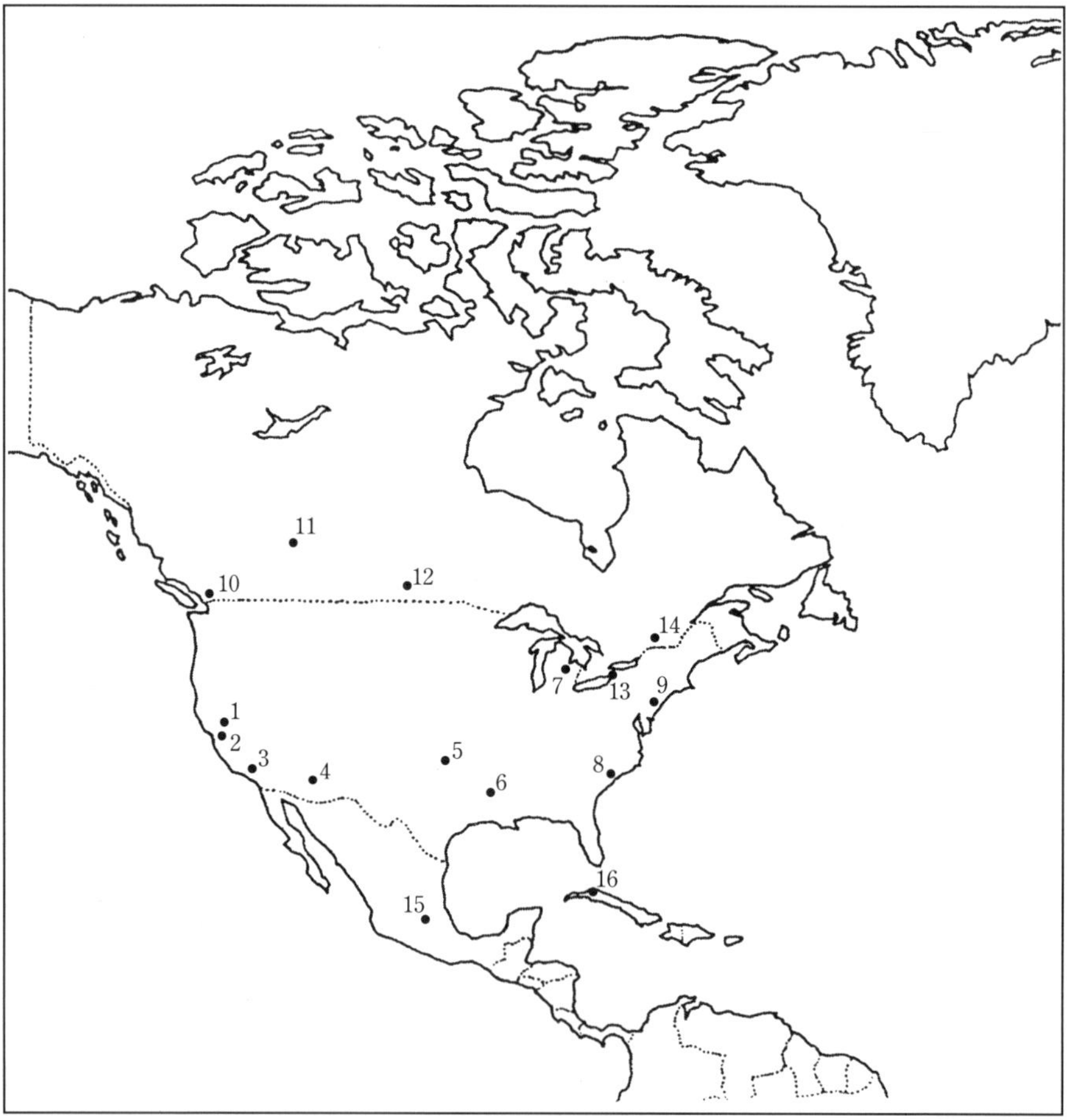

四四　オークランド〈異臭味除去が主体のオゾン処理〉

オークランドは、アメリカ西海岸サンフランシスコ湾の奥の大陸側にある。サンフランシスコ東湾岸地区上下水道局は、全部で六つの浄水場を持ち、東湾岸地区の市民一二〇万人に七六万m^3／日以上を給水している。

水源は、シエラネバダ山脈西斜面からの雪解け水を利用し、カマンチ湖とパルデー湖に集められた水を一四五kmのモカルミ導水配管三本を通して、五つの大きな貯水池に送る。塩素処理を主体とした浄水場が改造され、オークランド南部へ給水するアパーサンリアンドロ浄水場と北部へ給水するソブランテ浄水場にオゾン処理が導入された。

アパーサンリアンドロ浄水場は、同名の貯水池からの水を浄化し、一九九一年に浄水能力は三〇万四〇〇〇万m^3／日に改造されている。浄水処理工程は、揮発性物質除去を目的としたエアレーションの後、硫酸アルミニウム八・五mg／L、高分子凝集剤一・五mg／L、急速・緩速撹拌、凝集沈澱、オゾン四mg／L、ろ過、pH調整、フッ素〇・九mg／Lと塩素〇・七mg／Lを添加している。原水のTOC濃度は、四・五mg／Lである。この浄水場は、すべて自然流下方式で処理を行い、ポンプを利用していない。エアレーションは、貯水池から配管で水を引き込み、池でノズルから噴水のように大気中に吹き上げ、薬剤は、インジェクター方式で添加する。凝集剤添加は、凝集後の粒子電荷を測定して制御し、池の藻の発生防止には塩素を用いず、保守点検時の掃除と高圧水の吹付けで除去している。沈澱池底部に備えた排泥ポンプは、左右に移動して泥を排出し、池は約一・五箇月で洗浄、保守点検を行う。

オゾン処理は、異臭味除去が主体で、次に殺菌と消毒副生成物の問題である。特に夏季の臭気対策にオゾンを利用する。オゾン反応槽は、滞留時間二〇分間で、二系列の槽は、六つに分割されて向流、平行流、向流の順に、前段一槽から三槽までは一二本、四槽から六槽までは八本の散気管が配置されている。オゾンは、異臭味除去、

沈澱池と集水トラフ

トリハロメタン低減のため、従来の前塩素添加を中止し、中間オゾン処理が利用されている。オゾン発生器は三台で、二台を運転し、一台を予備としている。オゾンの発生は空気原料で、露点マイナス六八℃、オゾン濃度一・八五wt％である。オゾン発生量は、一四・二kg／hで、これらは、浄水場とは思えないような景観を考慮したスペイン風の白壁と赤茶色の瓦屋根の建屋に納められている。

ろ過池は一六池で、一〇池は、砂二・七四mに粒状活性炭〇・九一m、六池は、砂の上にアンスラサイト七・五cmをのせている。粒状活性炭の性能は、ヨウ素吸着量で調べ、約五年で交換する。ろ過池の逆洗浄条件については、①二〜三日、②濁度、③水頭、のどれかが超えた場合に行う。表面洗浄と逆洗浄である。洗浄水は、水を回収し、汚泥は、下水道へ直接送られる。

ソブランテ浄水場は、浄水能力二二万八〇〇〇m^3／日で、エアレーション、薬注、凝集沈澱、オゾン、薬注、ろ過、塩素添加である。沈澱池の上部は、複雑な土木構造物を避け、金属性の集水トラフが水面に固定されている。

オゾン発生器は三台で、二台を運転し、一台を予備としている。オゾン発生量は一四・二kg／h、オゾン濃度は二・二wt％である。オゾン発生装置は、大きなガラスで通路と仕切られ、配管は空気を赤、オゾン化空気を黄、冷却水を青で区分している。

この地区の水道は、地理的に有利である。雪解け水を導水管で引き、高台の貯水池を利用して異臭味改善のため落差でエアレーションを行い、浄化後、サンフランシスコ湾に向け、約六〇％を自然流下方式で給水している。地下水は全く利用していない。電力は、五セント／kWhと日本に比べて安く、追加のオゾン処理設備を平面的に並べ、安全でおいしい水を市民に供給している。

オゾン機械棟

四五　サンフランシスコ〈前オゾン処理導入による水質改善〉

市水道部は、サンフランシスコ市人口七四万人と、周辺の湾岸地区へ合計一一四万m^3／日を給水している。サンフランシスコ市全体へ給水しているサンアンドレアス浄水場では、東のシエラネバタ山脈ヨテミテのヘッチ・ヘッチィー貯水池よりトンネルで導水し、サンフランシスコ地区の分水界の水と合わせサンアンドレアス貯水池を通した原水を浄化している。

浄水場は、一九七二年に三〇万四〇〇〇m^3／日の浄水能力で通水開始したが、一九八〇年後半より水質改善の検討を行い、第一次、第二次の拡張工事により一九九三年に最大六八万四〇〇〇万m^3／日の浄水能力を達成した。浄水場の改良にあたっては、ろ過と消毒について最適化条件を決めるパイロット実験を実施し、大規模地震のサンアンドレアス活断層が近くにあるため、施設の耐震性を十分に考慮して設計されている。市内からバスで三〇分で、岩山に雲がかかっている。

通常、一二一万八〇〇〇m^3／日の浄水能力で、処理は、前オゾン、凝集、砂ろ過である。前オゾン処理の導入により、塩素を使用しない一次消毒が可能になり、塩素消毒副生成物を減少できた。ろ過水濁度は低減し、ろ過継続時間が延長し、薬品注入量も減少している。オゾン反応槽は、四系列、向流五段、水深六・一m、滞留時間四・六分、注入率一・三mg／L以上のオゾン処理後、次亜塩素酸ソーダ、硫酸アルミニウム、高分子凝集剤、ヘキサフルオロケイ酸ナトリウム、苛性ソーダを添加、急速攪拌の後、フロック形成池二池へ送り五・七分滞留後、砂ろ過池一〇池へ導く。ろ過は、アンスラサイト六〇cm、砂二〇cmの層で、ろ過速度は一六・五m／hで運転されている。浄水は、残留塩素、フッ素、pHを調整し、容量五万四五〇〇m^3の浄水池へ送られている。この浄水場では、前オゾン処理の後、直接ろ過、インラインろ過、通常ろ過と三つのモードで運転することができる。オゾン発生器容量は、空気原料で、一〇・三kg／hが三台あり、一台予備である。中間周波数の利用で一台当り放電管二

高圧水による藻の除去

四〇本が納められている。浄水能力の少ない場合には、空気原料のオゾン発生で対応し、処理水量の増加により酸素を混合する。高速処理条件でコストを低減させるため、ごくまれに全量酸素を用いオゾンを二倍発生させる。酸素は、場内の大きな液体酸素貯留タンクから気化させて利用する。オゾンの吸収効率は、九四～九八%で、残留オゾンの濃度を一定に保ってオゾン反応を行わせている。

原水水質は、濁度一〇度以下、全溶存物質五〇～一一〇mg/L、アルカリ度四〇～六〇mg/L、硬度は炭酸カルシウムとして三五～七〇mg/L、色度二・五、pH八・〇、大腸菌群数五個/一〇〇mL以下、トリハロメタン生成能一二五μg/L、TOC二～三mg/Lであり、浄水は、濁度〇・一度以下、色度〇、pH八・九、大腸菌群数一個/一〇〇mL以下、トリハロメタン生成能三〇～四五μg/Lである。

見学当日は、空気と酸素を一対一に混合し、オゾン濃度二%で運転していた。コンクリートのオゾン反応槽横側には、ガラス窓の付いたステンレス製の頑丈な出入口の扉があり、オゾン発生器室には放電管メンテナンス用に乾燥剤の入る木箱が設置され、放電管の吸湿、劣化防止に注意が払われている。排オゾンの処理は、二酸化マンガン加熱触媒方式である。ろ過池上部の清掃には、消防用と同じく高圧水が利用されている。

オゾン発生器

四六　ニュージャージー〈全米一の水会社が運営〉

ニューヨークのベッドタウン、ニュージャージーの東北部ハッケンザックにあるユナイッテッド・ウォーター・ニュージャージーのハワース浄水場、親会社ユナイッテッド・ウォーター・リソースは、浄水場以外に、環境コンサルタント、分析、排水処理、検針業務、不動産まで幅広いビジネスを展開している。民営化された水会社としては全米第一位である。

緑豊かな高級住宅地が続く道路の地下には、上下水道、ガス、電気、通信の配管、ケーブルが入れられている。浄水場の見学者説明室では、会社社長がビデオで「今日と明日の水づくりにオゾンが最も良い」と強調している。

浄水処理は、オラーデル貯水池の原水をスクリーニング、硫酸アルミニウム五mg／L、高分子凝集剤一・七mg／Lを添加後、オゾン処理、浮上処理、貯留、塩素三mg／L、必要ならば助剤として高分子凝集剤〇・一mg／L添加、二層ろ過、アンモニア〇・九mg／L、塩素二・五mg／Lを添加しクロラミンとし、苛性ソーダでpH調整後、配水している。浄水能力は、最大八三万二〇〇〇m^3／日、平均三七万八〇〇〇m^3／日で、総延長三二〇〇kmの配管で約七五万人の消費者へ送られる。トリハロメタンなどハロゲン化有機化合物の低減を目的とし、さらに無臭水とするため、一九八九年からクロラミン消毒に切り替えている。

オゾン処理は、殺菌とトリハロメタン低減、異臭味除去のために行っている。円筒のオゾン接触槽中心下部に水中タービンを入れ、インバータにより回転数制御を行い、オゾン化空気を細かい気泡として水に注入している。水中タービンはドイツ製、インバータは日本製、オゾン発生器はフランス製である。夏季は四系列、他の時期は二～三系列で運転し、年一回点検保守を行う。オゾンの注入は、排オゾン濃度で制御し、溶存オゾン〇・一～〇・四mg／Lで運転する。オゾン発生器の原料空気露点は、マイナス八〇℃で運転、露点条件は、メンテナンスコストと反比例する。オゾン処理後、浮上処理槽に一五

オラーデル貯水池

分滞留させ、水面に集まるスカムを含む泡を機械的に除去する。この工程で濁質分の約三〇％が除去できる。

二層ろ過は、各池三万八〇〇〇m^3／日の処理能力で、二〇池あり、砂利一五cm、砂五三cm、アンスラサイト六九cmの構成で、一四・七m／hの速度でろ過する。逆洗浄は、二四時間間隔で、一分間空気洗浄、一分間空気と水で洗浄、四分間の水洗浄である。

浄水場は、全従業員数六〇名、プラント運転二名に対して水質分析一二名で、年間二万件の分析を行っている。貯水池は、金網で守られ、岸からの釣りは認められるが、ボート遊びなどは禁止されている。貯水池の藻類の制御には硫酸銅を散布し、農薬の問題はなく、トリハロメタンは、平均二五μg／Lである。生物活性炭導入のため、浄水場内でパイロットプラントによる試験が実施されている。なお、オゾン接触槽の構造、オゾン接触後の浮上処理方式は、世界的にも珍しく、以後、散気板のオゾン接触槽を用いたオゾン・浮上処理がフランスの水会社で本格的に研究開発されている。

ニュージャージーの環境保護局基準は、アメリカ環境保護局の水質基準より厳しく、水道水質の分析結果を表にまとめて市民に配布している。ニューヨークでも、ここニュージャージーでも、市民は食事の時に大きなコップで水道の水を飲んでいる。

ハワース浄水場

四七　ベイシティー〈過マンガン酸カリウムで配管内のイガイの付着を防除〉

デトロイト西北一六〇kmにあるミシガン州ベイシティーの浄水場は、一九七八年に建設された。給水人口一一万四〇〇〇人、浄水能力一五万二〇〇〇m^3／日、水源は五大湖ヒューロン湖のサギノー湾の沖五・六km、深さ四・三mから取水している。

この湾には、付近の四都市の排水が放流されており、通常は、水の流れと西風で沖へ運ばれるが、春と秋には取水口に接近する。また、夏季には藍藻類、珪藻類、緑藻類を中心としたプランクトンが発生し、二万個／mLにもなる。そのため、春、夏、初秋の異臭味対策にオゾン処理を行い、同時に浄水処理における塩素の消費量も低下させている。冬季には厚さ六〇～九〇cmの氷で沖合い四〇kmまで閉ざされ、冬季対策として処理プロセスもすべて建物の内につくられ、全職員二一名で運転されている。

浄水場の特徴は、軟化処理を分割して操作ができる点である。原水を二分割して、片方を高濃度で一時間半の軟化処理を行い、その後に残りと混合することで、薬品コストの低減と処理時間の短縮化を図った方式である。

原水の処理は、オゾン注入率一・五～三・〇mg／Lの前オゾン処理、次に半分の量は、一次沈澱池で石灰と炭酸ソーダによる軟化処理でカルシウムとマグネシウム成分を除去する。その後、残りの半分と混合して、塩化第二鉄で鉄分五～七mg／Lを添加、pH調節、二次沈澱池で沈澱、上澄みに塩素一・五～二mg／L添加、砂ろ過を行い、浄水池へ送る。給水前に、残留塩素濃度を一・二mg／Lとして、フッ素を一・〇～一・二mg／L添加する。このフッ素添加は、一九六〇年のミシガン州の虫歯予防条例によって行われている。

水温は〇・七～二七℃の範囲で変動、硬度は一〇〇mg／L以下となり、トリハロメタン生成能は原水一〇〇～二七〇μg／Lに対して、浄水場出口で二五～六〇μg／Lである。

オゾン発生器の容量は、四・七二kg／hが四台、放電

塩化第二鉄の注入機

管は、アルミコートからステンレス金網を入れたガラス管に交換し、点検は半年に一回行っている。オゾンを含む排ガスは、分解せずに空気で希釈して、排気塔から大気中へ放出している。なお、オゾン処理の設備を一日停止したところ、二五件の水質に対する苦情が事務所に持ち込まれている。

浄水場運転開始の初期には、凝集剤として硫酸アルミニウムを用いていたが、水温、pH、流量の影響を受け、凝集性は悪く、凝集剤を塩化第二鉄に替えてからは安定した運転となっている。ただし、一日三回、沈澱池上澄み一Lを〇・四五μmのメンブレンフィルターに通し、パッチテストで着色しないことを確認している。

サギノー湾の取水口を水中カメラで観察すると、配管の内面にイガイの一種、ゼブラマッセルがびっしりと付着していて、原水流量を低下させていた。六月から一〇月までの期間、イガイの付着に注意が必要で、特に八月中旬には一個の親貝から約四〇〇〇個の卵が放出される。対策として配管の内面近傍へ過マンガン酸カリウム溶液を分散注入して駆除に成功している。

デトロイトからリムジンを予約して約三時間、市内には教会、市民会館、警察など大きな建物は五つだけで、人口は増加したものの、夏季の水道水使用量は一〇万六〇〇〇m³/日で、通常は、浄水能力の四一・四%の六万三〇〇〇m³/日と低下している。主産業である自動車工場での水使用量が低下したことと、教育による節水意識の向上が反映されている。

排オゾンは空気で希釈して建屋外へ排出

四八　オクラホマシティー〈安全飲料水法に基づく安全な飲み水の供給〉

オクラホマ州の首都オクラホマシティーは、降水量が八四七mm／年と少ない。ノースカナディアン川流域の六つの湖を水源として、オクラホマシティー公益水事業委託会社が三つの浄水場から約四七万人へ給水している。ノースカナディアン川は、北西と北中央オクラホマの支流から水を集めて流れ、通常は西オクラホマのキャットン湖からの水がノースカナディアン川に放流され、下流のフェフナー湖とオーバーフォルザー湖を満たし、その水が二つの浄水場へ送られる。東南にはアトカ導水路でつながれたドレイパー湖、アトカ湖、マックギィークリーク湖の水源がある。

フェフナー浄水場は、浄水能力一七万一〇〇〇m^3／日で、三年間の実験を経てオゾンの導入を決めた。オゾン導入前の処理プロセスは、前処理として過マンガン酸カリウム溶液を注入し、二時間混合滞留後に塩素を注入する。その五分後にアンモニアを添加してクロラミンとする。次に石灰を加え二時間滞留の後、沈澱池を経て二酸化炭酸でpH調整し、砂とアンスラサイトの二層ろ過、さらに塩素濃度二～二・五mg／Lをクロラミンに変換して配水していた。また防食剤としてヘキサメタリン酸、虫歯予防のフッ素イオンとしてヘキサフロロケイ酸ナトリウムの添加も行っていた。七月の原水と浄水の水質分析値は、それぞれ炭酸カルシウム二三五mg／Lが一三三mg／Lに、全蒸発残留物五八三mg／Lが四三〇mg／Lになった。浄水場の建物は石灰の受入れ、運搬、水との混合、石灰乳の注入など、主に水の硬度対策にもちいられている。

一九九六年より水処理プロセスを凝集、フロック生成、沈澱、二酸化炭素のpH調整、砂ろ過、フッ素添加、オゾン殺菌、浄水池、塩素ガスとアンモニアガスでクロラミンを残留させる方式に変更している。オゾン処理により湖水で問題となっている味と臭いも当然除去できる。

他にオーバーフォルザー浄水場（能力一〇万六四〇〇m^3／日）、ドレイパー浄水場（能力三四万二〇〇〇m^3／日）

フェフナー浄水場の全景（オクラホマシティー提供）

がある。ノースカナディアン川の水は、硬度三五〇～一〇〇〇度で、オーバーフォルザー湖を通してフェフナー湖へ導き、硬度三五〇程度にして利用する。ドレイパー浄水場は、硬度三〇度程度なので、五年後を目標に能力を五七万m³／日に拡大して、将来は、オーバーフォルザー浄水場の運転を停止する予定である。

分析室では、湖の水深一七mのプランクトンを定期的に調査し、アナベナなどが発生する六～八月には週二回硫酸銅の散布を行っている。また、給配水後のトリハロメタンの分析を行い、アメリカ環境保護局から優れた水処理とシステム管理が行われているとして環境優秀賞を受けている。

二〇世紀の偉大な知識の一つは、一九七四年に決められた安全飲料水法によって米国各市内の家庭と事務所に安全な水を送ることを可能にしたことである。水のことは市の議会と公益水事業委託会社との間で決めており、会社の任務は、高品位の水の生産、安全、信頼、効果的なサービス、理想的な値段、従業員を通して消費者へ友好的に気配りのある会話で責任を示すことである。一九九九～二〇〇一年の主要改良計画は、年間約二二〇〇万ドルで配管の更新、バルブとポンプの更新、監視制御設備の更新、下水処理プラントの改造、防火用水、ダムと洪水対策などを行うこととなっている。

蛇口とボトルからの飲料水の原水は、地上を流れ、地下を通って各種の物質を溶解し、純水からはほど遠いもので、宣伝にあるようなロマンチックな自然水のイメージとは全く反対である。一〇〇種類の物質を分析しているが、幸運にも市の飲料水には有害な汚染物質は含まれていないと、市民に安全な水とは何かを説明している。分析結果は、フッ素、バリウム、鉛、銅、硝酸・亜硝酸、α線、β線の放射性物質、全トリハロメタン、メチレンクロライド、大腸菌群、濁度の順で表現されている。「この水道水をボトル水として一本一ドルで東海岸で売りたい」とその安全性をオーバーに表現している。

滞留時間の大きな沈澱池

四九　シュリーブポート〈オゾンの二段処理により腐植質の脱色〉

ルイジアナ州ミシシッピー川の支流レッドリバー右岸の都市で、左岸のボージャーシティーとともに発展してきた。市の西側の大きなクロス湖を水源とし、エイミス浄水場より最大浄水能力三四万二〇〇〇m^3/日、通常二七万五〇〇〇m^3/日の浄水を二〇万人の市民に給水している。オゾン処理は、異臭味が発生したため一九八六年にコンサルタント会社で設計して、一九八八年に二段のオゾン処理設備を導入し、運転を開始した。この浄水場は、米国でのオゾン利用の流行を生みだした所でもある。他に、浄水能力が五万七〇〇〇m^3/日の浄水場にもオゾン設備を導入したが、浄水場全体を停止している。

処理プロセスは、湖水を水深三mで取水し、二酸化塩素一mg/L、前オゾン二系列三槽、水深五・五m、散気管方式、滞留時間六分、オゾン四~五mg/Lを添加した後、硫酸アルミニウムと高分子凝集剤を添加し、四系列で凝集沈澱を行う。その後さらにオゾン注入率一mg/Lの後オゾン処理、クロラミン三mg/L、二酸化塩素〇・五mg/Lを添加し、砂ろ過一六池を通した後、虫歯予防のためヘキサフルオロケイ酸の添加でフッ素一mg/Lとして配水している。クロラミンは、各家庭の蛇口末端まで維持する。後オゾン処理と前オゾン処理の接触槽は同じ構造で、排オゾンガスは、触媒分解方式で無害化させている。また、腐植質による茶褐色の色度は、前オゾンだけでは完全に除去できず、凝集沈澱と、引き続く後オゾンでようやく除去されるが、覗いてみても濁質が多く、無色透明とは感じられない。なお、オゾンは、異臭味以外にも原虫のジアルジア対策としても十分な効果があり、従来の塩素処理より作用は強力で、反応槽が小さくて良い。

オゾン発生器は、容量一一・八kg/hが六台ある。空気原料で、露点はマイナス八〇℃、オゾン濃度は一%、電力コストは五セント/kWhである。オゾン発生器の放電管は、ステンレスの金網を円筒のガラス管内部に挿入したタイプで、六箇月ごとに点検し、年一回の清掃を行っ

化学薬品のタンクローリーによる搬入

ている。オゾン発生器棟の室内への漏洩オゾン濃度は、〇・〇二七ppmである。オゾン接触槽の底部に取り付けられた散気管は、五～六年間で新品と交換する。

クロス湖には排水が入らないように市が指導しているが、ボートや釣りはレジャーとして行われている。また、湖水の取水については貝殻の付着による配管閉塞の心配はなく、沈澱池は二～三箇月に一度の掃除を行うので、藻類発生の心配はない。薬品の搬入は、浄水場内の鉄道専用線が主に利用され、時には、大型のタンクローリーも併用されている。二酸化塩素は、浄水場内で亜塩素酸ナトリウムと塩素から必要量が製造されている。浄水場は全従業員数二八名、水質分析担当三名で、主にトリハロメタンの測定を行っている。

従来から米国人は、水道水に塩素臭があるため、飲料水として冷やしたり、氷を入れて飲む習慣である。市内では大きな店も閉まり、売家が多く、仕事がない。都市中心部には高層ビルがいくつかあり、その最も高いアメリカンタワーの一五階からは完全に三六〇度地平線の平原が眺められる。遠い日本から水道設備の見学者は珍しいらしく、市長より「市の鍵」を頂く。市ではリサイクル運動を活発化させ、コミュニケーションリレイションシップでは、若者、老人、金持ち、貧乏人、従業者、非従業者、ホワイトカラー、ブルーカラー、男性、女性、みんなが集まり「アルコールと麻薬を無くそう」との運動が行われ、一部では人種差別の長い歴史から脱却しようとしている。ミシシッピー川を流域とした都市のため、都市の下水は、新しい水質規制により活性汚泥処理後の塩素消毒、還元剤による脱塩素処理を行ってからの放流となる。

オゾンの二段処理

五〇 マートルビーチ〈色度の高い原水からオゾンと凝集で浄水をつくる〉

大西洋ロング湾に面したサウスカロライナ州のリゾート都市である。年間晴天時二一四日という気候条件下で、米空軍基地、海水浴場一帯にマートルビーチ浄水場から約一一万二一〇〇m^3/日を給水している。浄水場には、容量六万八〇〇m^3の浄水池と、途中に合計容量二万九〇〇〇m^3の高置水槽一三槽と地上水槽二槽がある。

水源は、かつては二七箇所の井戸であった。井戸水によっては、ナトリウムイオン四〇〇mg/L以上、フッ素イオン一〇mg/L以上の場合もあり、代替の水源を運河に求めた。この運河は、安全な沿岸航行を確保するため海岸から数km内部に人工的に掘られ、自然の河川と組み合わせ、北のペンシルベニアから南のフロリダまでつながれている。浄水場は、海岸から約七km内陸にあり、運河は、北四〇kmと南六〇kmで海につながり、北から二本、南から三本の川が流れ込み海へ注ぐ。その間の長時間滞留された水を水道に利用することになり、地質学と気象学から水源としての調査をした結果、海水の混入はないが、水質的に腐植物質の色度が高いため脱色が必要となった。オゾンは、色度を効率的に改善する方法として選ばれ、水処理全体は、米国水道協会の研究資金を得てノースカロライナ大学が指導して開発した。一九八六年に浄水能力七万六〇〇〇m^3/日で運転が開始され、一九八九年より北マートルビーチにも給水するため、浄水能力を九万五〇〇〇m^3/日に増加させた。将来は一五万二〇〇〇m^3/日に拡張できる。

処理プロセスは、二段のスクリーンで固形物の除去後、消石灰添加、前オゾン二系列三段接触(深さ七・三m、注入比率七対二対一、滞留時間一五・五分)、硫酸アルミニウム一〇〇mg/L、硫酸銅添加、急速攪拌池三池、高分子凝集剤添加、凝集池五池、沈澱池五池、後オゾン二系列三段(深さ七・三m、注入比率八対二対〇、溶存オゾン濃度〇・一mg/L付近、滞留時間一四・五分)である。オゾン注入率は、前後とも一一mg/Lと非常に高い。次に微量の塩素を添加、一層ろ過池六池にて濁度〇・五と

下水処理水のラグーン

して、苛性ソーダ、炭酸水素ナトリウムでpH調整、ヘキサフルオロケイ酸とアンモニアを添加した後に塩素を添加し、モノクロラミン濃度二・五mg/Lとする。水質は、原水がTOC一〇~三四mg/L、色度一七〇~二九〇度で、浄水はTOC五・五~一五mg/L、色度四~一二度となる。オゾンは、脱色と殺菌を目的にトリハロメタンの低減効果もある。オゾン発生器は、容量一六・〇kg/hが一台、容量一二・三kg/hが三台ある。空気原料で、オゾン濃度は一%、電力コストは二・四四セント/kWhで全米で一番安い。冬季は給水人口三万人なので、オゾン発生器一~二台を運転し、夏季は人口五〇万人となり、発生器三台全部が運転状態になる。浄水場の従業員は二六名、プラントの担当は九名で、メンテナンスコストは教育と訓練によって大幅に低減でき、ポイントは腐食、湿気、気温上昇である。

近くにはリサイクルセンターと下水処理場があり、活性汚泥による処理水が大きなラグーンへ放流されている。原水への混入が心配である。運河は、水のハイウェイとなっており、春と秋には大きな豪華船が観光客を乗せて通る。湿原を通る河川と南でつながっているため、運河には大きな蛇と鰐がいて隣のゴルフ場にも出てくる。船からの油漏れは年に数回起こり、取水口にオイルフェンスと炭化水素の分析計を常時取り付け、異常があれば取水を停止している。

浄水場を見学した後、町の中の水利用状況を眺めると、オゾンの必要性が理解できる。ホテルと別荘には、それぞれプール、エアコン、アイスマシンがあり、食堂では大きなコップに氷水が運ばれてくる。ビーチのステージにはバンドが上がり若い娘たちが日光浴をしながらリズムをとっている。上空には広告の垂れ幕を付けた小型飛行機が海岸に沿って飛ぶリゾート地区である。

オゾン発生器

五一 ツーソン〈環境を重視した砂漠の中の浄水場〉

アリゾナ州ツーソン市では、従来、複数の井戸を利用して地下水から水道水を供給していたが、地下水の水位低下と水質の不均一性から水源を導水路を利用した表流水に切り替え、一九九二年からオゾン処理を含む浄水場を運転し、約六〇万人へ給水している。約二〇〇本の井戸は、条例によって使用を禁止し、浄水場のトラブルが発生した時に使用する。現在、地下水の水位が上昇中である。

水道原水は、中央アリゾナ事業によりコロラド川のハバスー湖から五四〇km導水している。途中、八箇所の浄水場へ水を分配しているが、この浄水場がいち早くオゾン処理を導入した。オゾン処理の目的は、殺菌と消毒副生成物の対策で、前オゾン処理が採用されている。

第一貯水池から一部の水を約二万五〇〇〇人が生活しているアメリカ先住民族地区へ農業用水、生活用水として直送し、第二貯水池への導水途中で硫酸銅と粉末活性炭二mg／L添加、滞留時間一二時間で異臭味を除去し、浄水場へ送る。

浄水場へのポンプは、電気二台、ガスエンジン三台である。前オゾン処理は、オゾン発生器六台、オゾン接触槽二系列、オゾン濃度一～一・五％の空気原料方式で、オゾン接触槽を六つに分割し、前段五つに向流式でオゾンを注入し、六段目は滞留槽として利用している。散気管は一〇〇〇本、泡を見る必要はなく、接触槽にガラス窓は付けていない。溶存オゾン濃度は、第一段と第六段で測定し、〇・一八と〇・一七mg／Lである。濃度計の校正は月一回で、部品の交換は六箇月に一回である。排オゾンは、濃度〇・〇七四wt％を加熱して酸化マンガン触媒を通し分解し、放出する。発生器などの計器類は、一時間に一回、現場を見回り点検している。

オゾン処理後、塩化第二鉄、硫酸アルミニウム、高分子凝集剤を急速撹拌で添加し、緩速撹拌でフロックを生成させ、アンスラサイト厚さ一・八mのろ層を通してろ過する。ろ過池は、一〇〇時間の運転で二〇分の空気、

砂漠の中の浄水場

二〇分の水による逆洗浄を行う。ろ過池の藻類対策には、月二回、五mg／Lの塩素水を通し、高圧水で洗浄する。pH調整は、苛性ソーダで行い、塩素とアンモニアを四対一の比率で注入するクロラミン消毒を実施している。塩素注入後、五～六秒後にアンモニアを添加するためトリハロメタンの生成は少なく、アメリカ環境保護局の基準、さらに市の目標二〇μg／Lを下回っている。虫歯予防のフッ素添加は、市民の賛否により中止し、その他に防食剤のオルトリン酸亜鉛を添加している。

塩素は、一九t入りの貯留式タンクローリーを使用し、液体アンモニアも三つのタンクに貯留されている。流量計、レベル計でそれぞれ液体の状態で見ることができる。従業員は、浄水場全体で三五人、装置操作員三名、オゾン発生器のメンテナンスは一五名の作業員で行う。将来、水質の汚染状況により過酸化水素の添加も行う予定である。

浄水場は、砂漠の中にあり、建物は低く、騒音の発生する機器はすべて地下に納めて、環境影響に配慮している。浄水場入口のサボテンの花には、ハチ鳥が蜜を求め飛び交っている。浄水場の見回りは、ゴルフ場で利用される電気自動車である。

水の使用者への注意として、クロラミン消毒を行っているので、腎臓透析患者と、魚、養殖などペットについては、クロラミンが直接作用するため、活性炭を通してから利用するよう説明している。このことは、病院、ペット業者を通して事故のないよう事前に連絡がとられている。

場内の点検は電気自動車

五二　ロサンゼルス〈四本の長い導水路で水道原水を確保〉

全米第二の都市ロサンゼルスは、面積一二〇〇km²に市の水道電力局が配水管総延長一万一三〇〇kmを通して、平均二二〇万四〇〇〇m³／日の浄水を約三二〇万人に供給している。市内への給水は、オゾンを用いた浄水場から七五％、地下水から一五％、メトロポリタン地区からの受水一〇％である。

オゾン利用の浄水場は、一九八七年から運転開始されたろ過設備である。原水は、シエラネバタ山東側のモノ湖からオーエンズ川導水路五四四kmの九つの谷と一四二のトンネルを通った一一四万m³／日と、第二の導水路からの水も含めて合計平均一六三万四〇〇〇m³／日である。オーエンズ川に沿った主な貯水池は七つで、市内に五つあり、他の貯水池も含めた貯水量は、合計四・五六億m³である。

原水は、雪解け水と雨水のため、浄水場で濁質除去と塩素による消毒が必要になる。処理方法は、原水をスクリーンに通した後、前オゾン処理、薬品混和、凝集、アンスラサイトを用いた直接ろ過である。二系列はすべて自然流下方式の浄水場で、全米最大で、オゾン処理プラントとしてはモスクワについで世界第二位の規模である。

オゾン処理の目的は、濁度除去、殺菌、異臭味除去、後塩素によるトリハロメタン生成の低減である。プラント設計に関して行われたパイロット実験では、オゾンは殺菌効果と濁度除去に効果的で、特にマイクロフロックの助剤効果が認められた。つまり、オゾンを利用すると、

① フロック化とろ過速度が速くなるため設備全体の小型化が可能になる、

② 凝集剤添加量を少なくすることでスラッジが大幅に減少できる、

③ 塩素消費量が低下するためトリハロメタン生成量が低減できる、

ことが明確になった。その結果、沈澱池のない直接ろ過の大規模なろ過設備が建設された。

オゾンは、九五％酸素原料から発生させた濃度二・七

50 t/日の深冷分離装置から酸素を製造

～六％のガスで、原水との気液接触は、四系列、四段、水深六mのオゾン接触槽の第一と第三槽へ注入して行われる。滞留時間四・九分、オゾン注入率一～一・五mg／Lで、溶存オゾン濃度は約〇・二mg／Lに保たれる。オゾン処理後、急速撹拌で塩化第二鉄と高分子凝集剤を添加し、撹拌一〇分後、アンスラサイトの直接ろ過を行う。厚さ一・八三mのアンスラサイト層で濁度〇・三以下となる。逆洗浄は、一五時間に一度、塩素を含まない水で行い、逆洗浄排水は原水側へ戻される。ろ過池の藻類対策は、高圧の水洗浄で行われる。ろ過された水は、塩素一mg／L添加して浄水とし、浄水場の前方にある覆いのない大きな浄水池へ貯留し、市内へ配水される。

　オゾン発生器の発生容量は、容量三九・四kg／hが六台あり、原料酸素は、五〇t／日の深冷分離酸素製造装置から送られる。製造装置が故障した場合は、タンクローリーで運搬された液体酸素が利用される。貯留タンクは、トレーラー方式容量三五・三m^3で約四五tである。オゾン発生器から室内へのオゾン漏洩は、濃度〇・三ppmで警報が出され、〇・七ppmで発生器が全停止となるように設定されている。メンテナンスは、年二回行い、排オゾンガスの処理は、五〇℃に加熱し触媒で分解している。

メトロポリタン地区の水道は、有機物の汚染が進んだコロラド川導水路の水を原水としているため、トリハロメタン生成の少ないクロラミン消毒を行っている。他にロサンゼルスの水不足に対しては、サクラメントからロサンゼルスまで世界最長八八〇kmのカリフォルニア導水路が州の水道事業として建設されている。町のスーパーマーケット入り口にはアクアベンダなる水の販売機が置かれ、主婦が二・五Lのポリタンクで飲料水を購入している。

市内の水販売機

五三　モントリオール〈原虫対策にオゾン処理〉

カナダのケベック州の首都で、北米五大湖から大西洋へ流れるセントローレンス川とオタワ川の合流点に発達した河湾都市である。フランス系住民が多く、都市人口は一〇一万八〇〇〇人、大都市域人口は三二一万七〇〇〇人である。

市の水道は、セントローレンス川の上流に長さ八km、平均幅四九m、深さ五mの導水路を掘り、アトウォータとチャーチ・デ・ベリエの二つの浄水場で河川水を浄化している。浄水は、ポンプ所を経由して標高六〇～二二六mの間にある七つの配水池から六つの配水地区と小地区へ、配水管網長さ二五〇〇km以上を通して、市内およびその周辺一四自治体の住民約一五〇万人へ給水されている。アトウォータ浄水場は、公称浄水能力一五九万m^3／日、砂ろ過、塩素添加、チャーチ・デ・ベリエ浄水場は、浄水能力一一三万六〇〇〇m^3／日、砂ろ過、オゾン処理、塩素添加を行っている。

水質改善を目的に、オタワ川からの汚染水の混入を避けるよう一九五一年より導水路入口をセントローレンス川ラシーヌ急流の川岸から六一〇m先の所へ移動した。また、一九七八年には、導水路の入口近くの北側に脱色、脱臭、消毒を目的にオゾン処理を組み込んだチャーチ・デ・ベリエ浄水場を完成させた。オゾン処理に関しては二〇年以上の経験を持っている。

チャーチ・デ・ベリエ浄水場では、取水した河川水に凝集剤を添加せずに、砂利五cmと砂一・二mのろ過池六〇池へ送り、四・九m／hの速度でろ過する。砂ろ過は、水頭の上昇により自動的に逆洗浄が行われ、砂ろ過棟は、長さ四〇〇m、幅は二〇tのトラックが通れる大きな建物である。砂ろ過水にオゾンを最大三mg／L注入する。オゾンは、六台の発生器で、合計四三一〇kg／日を発生させ、オゾン濃度は一・二%である。

オゾン化空気を散気管で気泡径三～五mmとして水と気液接触させるオゾン接触槽は、長さ四〇m、幅六m、深さ八mで、各仕切板で四段に分割されている。オゾン

コントロールパネル

を含む排ガスを接触池の第一段目に戻して砂ろ過水に再注入する方式で建設されたが、このシステムはトラブルが多く高価なため、散気管を円盤の散気板に交換して、オゾン吸収効率を九〇%に向上させることにより使用を停止している。オゾン処理の制御には、ジアルジアを九九・九%以上不活化するようCT制御(オゾン濃度×接触時間)を採用している。水温は〇～二五℃の範囲で変動し、水温の高い夏はオゾンの注入率が少なくなる。五年間、水道水中のジアルジア、クリプトスポリジウムを分析してきて、一回だけジアルジア五個/一〇〇Lを検出している。春の雪解け時期に水質は低下するが、まだクリプトスポリジウムは検出されていない。オゾン接触槽は、鉄分の汚れもなくプールのようである。浄水場の運転は、二名の監視で、制御されている。オゾン設備の信頼性は、設備の点検と保守の計画的な実施によって守られるということである。

　この浄水場は、カナダ水道協会から水道水質に関する優秀賞を一九九七年五月に受けている。有機物の少ない五大湖の膨大な淡水と、その水を大西洋へ流すセントローレンス川の大きな流れと、北米東部は世界的にも水資源に恵まれている。ただ、冬は、取水、導水部で氷が詰まるため、原水の一部を天然ガスで加熱し、その温水を原水流入口へ戻して氷を溶かしている。実際の運転は、アトウォータが五〇％、チャーチ・デ・ベリエが一〇〇％で、給水比は四対六である。

消費者からの水質に対する苦情の約八〇％は塩素臭で、通常は残留塩素濃度〇・七〜〇・八mg／Lで送水し、消費者には〇・二mg／Lで配水されている。夏になると一・三mg／Lまで添加している。浄水コストは二一セント／m^3である。

砂ろ過棟

五四　ウイニペグ〈水道にもオンブズマン方式〉

カナダのマニトバ州の首都で、レッド川とアシニボイン川の合流点にある。西部への入口の都市で、毛皮交易時代から交通要所として発達し、長らくカナダ最大の穀物市場であった。人口は六一万七〇〇〇人、都市部地域を含めると六五万二〇〇〇人である。

市の水道局は、約二七〇km^{2}に分散している市民へ二六万m^3／日給水している。容量二六・四億m^{3}のショワール湖から市へ四五万五〇〇〇m^3／日の取水が認められており、水質は良く、塩素とフッ素の添加以外に水処理は必要ない。市内へは容量八二〇万m^{3}で緊急時に三二日間の給水が可能な主配水池ディーコンと、三つの地区の全容量七五万m^{3}の配水池、ポンプ、ブースタポンプを通って配水管網へ送られている。塩素は、湖の取水場のみで添加され、給配水の監視と制御は、新マックフィリップスのコントロールセンターから行われている。一九九〇年以後の水消費量実績は、四〇〇L／日・人に低下している。

北米大陸では、水は貴重で、かつて牛車で水売りが河川水を運んでいた。後に井戸が利用されたが、一九〇〇年の初期にチフスで汚染され数千人が死亡し、カナダ第三の都市が深刻な状態になった。どこも水質は悪く、変色し、臭って、汚れた味がした。表通りのグランドホテルでさえ、飾付けのバスタブとトイレには、見るにも哀れな錆色の水であったと伝えられている。市の人口は増加し、小麦の価格は高くなり経済は栄えたが、安全で飲める豊富な水源を持っていなかった。一九一二年、米国の技術者から、①新しい井戸を掘ること、②ウイニペグ川からパイプラインを引くこと、③大胆で空想的ではあるが導水路をショワール湖までつくること、という三つの提案が出された。「湖は巨大な貯水池で、未処理できれいな軟水が得られて一番良い。しかし、水を引くには巨額な資金が必要となり、誰が金を払うのか」と市議会は断固としてこの案を拒否した。将来を考えた地方新聞の社説は、「市民は良質の大量の水を求めている。水は

ポンプ場

重要で、彼らは喜んでその金を払うであろう」と書いた。一九一三年、若い政治家のディーコンが豊富な水を引くことをスローガンに市長選に立った。彼の提案は人々によって支持され、地滑り的な勝利を納めて、マニトバ州最東部オンタリオ境界のショワール湖インディアン湾から水を運ぶ思い切った提案が採択された。湖の標高は市より九二m高く、水は自然流下で流れ、一九一九年四月に市民の蛇口から浄水が流れ出た。湖への道一三七kmは、大草原、森林、川を横切る荒野で、鉄道を敷き物資を運び、導水路を完成させた。終点の取水場の線路上に塩素のタンク車を止めて塩素ガスを注入しており、今日まで導水路は、その初期の構想を維持している。

ディーコン配水池で一六箇月のオゾン、生物活性炭を含むパイロットテストが行われた。生物活性炭で、アルデヒドの九〇%以上、カルボン酸とケト酸の八〇～一〇〇%が除去されている。アンスラサイトの生物ろ過では、これらの除去は一〇～四〇%である。生物ろ過は、トリハロメタン除去に効果はなく、長時間の全トリハロメタン濃度四〇μg/Lを達成するためには生物活性炭が必要となる。将来、水質基準が厳しくなれば、新浄水場の建設を開始する。

液体塩素を鉄道で取水場へ運搬しているため塩素漏洩事故の訓練は、ハイウェーを通行止めにして風の方向を調べながら住民を避難させる。訓練後の約五〇名のサンドイッチミーティングは、警察と消防の上司のみが制服、他はフリースタイルで、自己紹介と全員発言で進行する。

水道局にパンフレットと並んでオンブズマンに関する資料が置いてある。これは市の法令によってつくられた独立機関で、市の行政に対して市民からの苦情に対応することを仕事とし、水道関連項目に対して市の担当部門に回答を要求し、その内容を調査、勧告、公表する力を持っている。

五五　エドモントン〈カナダ民営水道の成功例〉

カナダのアルバータ州の首都で、カナダ五番目の都市であり、一九九八年にゴールドラッシュ百周年を迎えた。また、近郊の大油田発見により大きく発展してきた。昔の水事業体エドモントン・ウォーターがアクアルタ株式会社となり、一つの水源から小売りと卸しの両方で市民に水供給を行っている。一九九五年の給水量は、市内と郊外の約八〇万四〇〇〇人に対して一億八九三万m^{3}である。全浄水能力は八〇万m^3／日、平均浄水量三一万四〇〇〇m^3／日である。給配水は一二の配水池、全長二八一三kmの配管を通して行われ、水道メーターは直続式が約二万八〇〇〇個、遠隔式が約一五万六〇〇〇個である。

一九〇三年、都市の成長にあわせて市の中心ロスディルで給水が始められた。それは北サクカッチワン川の両岸に沈澱池をつくり、揚水ポンプを置いたポンプ場であった。一九四七年にロスディルの浄水場がつくられ、一九七六年にスミス浄水場が通水し、市と隣の自治体へ給水している。水源の北サクカッチワン川は、大西洋、北極海、太平洋と三つの海へ流れ込む世界でも珍しい河川で、ロッキー山脈コロンビア氷原の氷河から発している。水源として信頼でき、冬季は全体の一四％、夏季は全体の五六％を占めているが、春と夏には雨と雪解け水が上流域から有機物を流し込み、水質を低下させる。

浄水処理は、

① 硫酸アルミニウム、粉末活性炭、ポリマーの添加による凝集沈澱、
② 石灰添加の軟化と沈澱、
③ フッ素添加、二酸化炭素でのpH調整と塩素添加、
④ アンスラサイト、ケイ砂による砂ろ過、
⑤ アンモニア添加のクロラミン変換で浄水池へ送水、

である。

粉末活性炭は、異臭味対策として利用している。軟化は、硬度約一八〇mg／Lを一一五mg／Lとしている。フッ素は、添加により濃度を一mg／Lに調整する。これら処理設備の運転は、ロスディル浄水場からの遠隔操作で

市内を流れる北サクカッチワン川

行われ、浄水量の実績は、ロスディル浄水場が四五・八％、スミス浄水場が五四・二％である。

水質分析は、浄水池から各家庭まで優先的に調べられている。一九九六年の水質データでは、クリプトスポリジウム〇・一～〇・二個以下（オーシスト／一〇〇L）、ジアルジア〇・一個以下（シスト／一〇〇L）、ハロ酢酸二～一〇μg／L、トリハロメタン二一～二三μg／Lである。結合残留塩素は、配水管で〇・五mg／L以下である。カナダの飲料水水質基準ガイドラインには、放射性核種の最大許容濃度が天然一一種と人工一八種について決められているが、まだ、ウイルスとプロトゾアの値は提案されていない。現在、市民の飲料水は水消費量の一％であり、コストの高いプロセスは導入できず、あえて市民に原水と水道水にクリプトスポリジウムがいることを知らせている。

市は一九八七年に浄水処理のプロセス開発チームを組織し、浄水場内に実機フローに対応した流量二三〇L／minのパイロットプラント二系統を設置して、消費者に飲料水を送りながら問題点の発見、代替法の比較、処理の最適化、コスト試算、設計条件などの検討を行い、アルバータ大学と環境センターとの共同研究も行っている。

アクアルタは、市民のための水会社で、水道料金は借金や投資基金に基づいた利益と返済金、運転保守コストなどから決め、一九九五年、市収入の一三五〇万カナダドルに寄与している。それらは市の他の苦しいサービスを支援することになり、水供給を通して市民に還元されている。これまでの水質規制は飲料水コストを連続して増加させてきた。アクアルタは市との契約で、すべての規定要件を予算内で満たし、水処理設備と配水システムに対してすべての運転と保守サービスを提供している。

スミス浄水場のパイロットプラント

五六 バンクーバー 〈クリプトスポリジウムを多く検出し、オゾンを導入〉

カナダのブリティッシュ・コロンビア州の首都で、かつては森林地帯であったが、今では霧の中に高層ビル群が立ち並ぶ人口四七万二〇〇〇人、大都市圏人口一六〇万人のカナダ第三の都市であり、太平洋の玄関口の港湾都市である。一八六五年に製材所がつくられ、カナダ・パシフィック鉄道のターミナルとなり、多くの移民を受け入れて発展してきた。

市の水道は、州人口の半分一八〇万人を対象に二〇〇〇km^2以上の地区、一八自治体へ配水本管五〇〇kmを通して平均一一〇万m^3/日を給水している。取水域は、北部森林地帯五八五km^2、貯水池六池、ダム六箇所、配水池二二池、ポンプ場一五箇所があり、給水システムの監視と制御は、バーナビーのセンターから行われる。一日給水能力は、カピラノ五〇万m^3、コークウィトラム六〇万m^3、シーモア一〇〇万m^3である。バンクーバーは幸運にも淡水の豊かな水源を持っていて、水の消費量は六〇〇L/日・人以上であるが、節水は設備拡大の必要性を減らし、水料金を低下できるので、パンフレットに水を賢く利用すべきと記されている。

一八八九年三月、市の北のカピラノ川から初期の給水地区に通水された。その三年後にコークウィトラム湖の小さなダムからの配水本管が完成し、三番目の給水システムである新シーモアは一九〇八年に完成している。広大な森林地区の水域は、汚染、汚濁、火災などから水を守るため、立入りが厳しく制限されている。これまで北アメリカでは、安全な水道水を得るには、水域保全と処理の組合せが最も良い方法であると知られている。

水質データは、TOC二・一～二・四mg/L、蒸発残留物一二～一四mg/Lで、濁度はコークウィトラム、シーモア、カピラノの順に上がり、ジアルジア検出率は二%、三〇%、四二%の順、クリプトスポリジウムは一〇%、一〇%、二五%の順で増加している。水域のシカ、クマ、ネズミ、ビーバー、ガチョウの感染状況を調査したところクリプトスポリジウムが高頻度で見つかり、水

森林地帯につくられた都市バンクーバー

の分析結果と対応していた。

一九九〇年につくられた飲料水水質改善計画をもとに、ジアルジアとクリプトスポリジウムのオゾン不活化を水温三、一〇、一三℃のCT値で検討した。消毒比較では、前段でのクリプトスポリジウム不活化に対して塩素は限界に近くなるが、オゾンは効果的で、他の消毒剤との併用の可能性もある。塩素では消毒副生成物のトリハロメタン、ハロ酢酸が高くなり、オゾン処理では臭素酸イオンも検出されない。AOCはオゾンが塩素の一・五〜三倍、生物分解性溶存有機炭素(BDOC)はオゾンが塩素の一〜六倍、微生物の再増殖は、塩素では増加させることはないが、オゾン処理では増加するので、後で塩素の添加を行う必要がある。CT値を比較すると、塩素では大きなタンクが必要でコストは高く、オゾンの方が安くなる。オゾンにも消毒副生成物の問題はあるが、細菌だけでなく、ジアルジア、クリプトスポリジウムなどの原虫にも効果があり、一九九六年一一月にその導入を決めた。一方、塩素消毒は、有機物と反応して消毒副生成物を生成するが、濃度は低く、病原菌の処理において利益は大きく、後塩素として利用される。

処理の変更は、一九九七年の秋から開始され、オゾンはダム発電の電力を利用し、カピラノでは平均オゾン注入率二・一四mg／Lで、酸素原料のオゾン発生器三台、発生量はそれぞれ三五・六kg／h、コークウィトラムにも平均注入率一・六七mg／Lで、それぞれ三八・九kg／hの発生器三台が二〇〇〇年に、シーモアでは二〇〇四年にろ過設備が導入される。また、給水での腐食対策には炭酸ソーダ、石灰、二酸化炭素の添加でpH調整を行う。ろ過設備を持たずクリプトスポリジウム問題を心配し、オゾン処理の導入を決定したが、順次ろ過設備も導入して、将来的には環境保護局の動向に基づいて、もし必要でなければオゾンの運転も見合わせるとのことである。

街の中の水飲み場

五七　ハバナ〈水道と給水車の二本立て〉

キューバの首都ハバナ市の配水システムは、中央五地区、東部五地区、南部二地区、西部三地区からなり、給水人口は約二三二万人、水源五四箇所、給水池三九池、給水配管四〇〇〇km、給水管二七万本である。最大給水量は、一三〇万二四〇〇m^3／日、その九五％が地下水、五％が表流水で、市の東方五〇kmにダムからの貯水を凝集沈澱、砂ろ過、塩素処理のできる施設がある。

現在のハバナ旧市街地に人が集まり始め、一五四四年にキューバを統治しているスペイン王に対して、植民地当局から水路を建設するよう要望が出された。「王家の水路」の工事は一五六六年から開始され、一五九二年にエル・フシジョダム建設によりすべてが完成した。以後、二四三年間、唯一の水供給ルートであった。新たにエル・フシジョダム近くのアルメンダーレス川を水源とし、ろ過設備を持つ「フェルナンド七世水路」の工事が一八三五年に完成した。この時のハバナの人口は約一〇万人である。さらに、ドン・フランシスコ・デ・アルベアルとフェルナンデス・デ・ララの技師は、ベント水源での貯水と市への送配水により、市の水需要問題を効率的に解決した。これは植民地最後の工事で、一八五六年に原案が陸軍大将からハバナ市長に提出され、一八五九年アルベアル技師が工事の指導者になった。一八七八年にはパリ万博でこのプロジェクトが金メダルを獲得して、六月に「フェルナンド七世水路」のろ過設備への枝管へつながれ「アルベアル水道」と呼ばれている。工事は、四〇〇箇所以上の泉からなるベントの取水場、南の塔への枝管、南の塔とアルメンダーレス川の下を通るサイフォン、北の塔と九・六kmの導水管、二四の点検および通風の塔、パラチノの配水池などからなる。ハバナ市の主たる給水源で、水需要の約一割、平均一〇万三六〇〇m^3／日を供給する。二・四二×二mの楕円の石灰石の導水管で、五〇〇〇分の一の勾配として、送水エネルギーを大幅に削減し、一八九三年に完成している。一八九九年にはパラチノで最初のポンプ汲上げ設備が完成し、以後、いくつ

市内への導水管

かの水源が開発され、水供給源でのろ過設備が一九七四年に稼働している。

集水地区からのきれいな水を導水管でパラチノ配水池三万m^3の池二池へ送り、塩素添加で市内へ給水する。七〇%はポンプで北の新市街地へ、三〇%は東の旧市街地へ自然流下で送る。しかし、ユネスコの世界遺産に指定された旧市街地では、漏水率が五〇%にものぼり、時間給水でもあり、五月～一〇月の間の降雨時に漏水部から汚水が入り、給水時の消毒に用いる塩素添加量は〇・三mg／Lが必要である。旧配管の破壊で水が汚染される場合、その地区への送水は取り止め、給水車で給水している。ホテル、レストラン、外資系の企業には、水道料金はドル払いで一部屋一日一・二～一・二ドル／m^3で販売している。二〇〇室のホテルなら二〇〇m^3／日の水を送っている。旧市街地の外貨収入を目的としたレストランとホテルへは、毎日、給水車で水を運ぶ、水道料金は二重制で、ドル立てでは一ドルが一ペソ、実際は一ドル二〇ペソ、市民は平均四人家族で月に五ペソの水道料金である。全ハバナの平均水消費量は、四七〇L／日・人と見積もられる。

旧市街地の住民は水道配管を利用できず、週二回、夕方に給水車が水を運び、ブーブーの合図で近所の住民がポリバケツを持って集まる。ポリバケツで水を運ぶため、建物の上層には大家族、下層に小家族が住み、水は無料である。三～四人の家族の二階住居を訪問すると、トイレ兼バスに洗濯などへ利用するドラムカン二本分、台所には飲料と料理用の水が約一〇〇Lのプラスチックタンクに蓄えられている。

オゾン殺菌されたミネラルウォーターのボトルウォーターが〇・五～一ドルで販売され、これもツーリストの外貨獲得手段となっている。

キューバの水利用の方向性はパラチノ浄水場入口に壁画で大きく描かれている。詳細は「水処理技術」(二〇〇二年)を参照されたい。

パラチノ浄水場の配水池

給水車

五八 メキシコシティー〈民営会社四社の競争で健全な水道へ〉

メキシコの首都で、北米最古の歴史を持ち、ラテンアメリカ最大の都市である。標高二二四〇mのメキシコ盆地西側に位置し、面積は一五〇〇km^2以上、一年を通して快適な気候に恵まれ、市を中心に推定人口は約二〇〇〇万人で、約五五三万m^3/日の水が供給されている。

一四世紀中頃、テスココ湖の島にアステカ族が住み王国の首都を築いた。一五二一年にスペインによって征服されたが、三〇〇年間の植民地時代を経て一八二一年に独立した。かつての大きな湖は、一七世紀より干拓によって狭められ、都市域が拡大した。一九〇〇年、人口約三二万人に湧水を送る近代水道が給水量二三万m^3/日で建設された。一九四二年、盆地流域外西側のレルマ川上流の湧水をポンプで水路に送る給水池を増設し、以後、ソチミルコ泉水と市内の井戸水を利用することにした。しかし、この地下水汲上げにより地盤が沈下し、累計六～七mも低下したため、排水不能の場所もできた。市街地は広がり、人口は増加し、一九五三年には給水量約一二四万m^3/日になったが、給水人口は約半分で、他は消火栓、給水車、浅井戸から水を得ていた。一九七三年からメキシコ盆地委員会により市の内外の井戸水が導入された。大規模な水道計画により一九七七年の給水量の二一六万m^3/日はレルマからの水となった。一九八二年のクツァマラ計画では、一四〇km離れた盆地外から一〇四万m^3/日の表流水を初めて市内へ導いた。標高一六二九mの貯水池から五段階のポンプ場を介し、標高二七〇二mまでの総揚程は一一〇〇kmにもなる。

盆地は、三つの行政地区である連邦直轄区、州、メキシコ市首都圏が重なり、給水管網は四万km以上で、系統は互いにつながれ、複雑化している。市の水道は、上下水道建設運営総局DGCOHによって運営され、代表一六区で普及率九六％に達しているが、漏水率も三〇％と推定されている。盆地全体の給水量は、人口約八八〇万人である連邦直轄区の三一一万m^3/日と州の二四二万m^3/日とに分けられている。水源内容は、盆地内から七〇・二%、外から二九・七%で、地盤低下と上下水道配管の破壊と漏水、慢性的な水不足、地下水汚染などが大きな問題となっている。

市内への導水路は、直径四m、南北へ長さ二二kmで、一九九三年に完成している。さらに南へ一〇kmの工事を行い、その先一〇kmが計画中である。降水量は、約七〇〇mm/年と少ないが、年間降雨の八〇~九〇%が五~一〇月に集中するため、洪水対策に大運河やトンネルをつくり、盆地北側から外へ排出している。最も高いラテン・アメリカン・タワー屋上から眺めると、市のすみずみ、山のふもとまで人家があり、アフスコ山の住民三万人へは給水車で水を届けているとのこと。農村からの人口流入、就職難、住宅不足、階級社会と複雑な巨大都市となっている。

サンククルス・メジュワルカ浄水場の活性炭吸着塔

水売りが大きなボトルを担いで街の中を一軒一軒と配達している。朝、大型トラックで多数のボトルが街に運ばれ、各要所に下ろされる。次に配達人がリヤカーや人力車に十数個を載せて配達する。値段を聞くと、一九L入りガラス容器で五五ペソ、プラスチック容器で四五ペソ、このうち水代は一五ペソ(一ペソ=約一二円)である。市民の八〇%は水道水を、二〇%の金持ちはボトル水を飲んでいる。水

ボトルによる給水

道料金は、四～五名の家庭で平均二箇月で八〇ペソ、ただし、料金不払いでも法律で水は止めることはできない。市の幹線は五一四km、配水池二七九池、ポンプ場二二七箇所、塩素添加設備三六〇箇所、五〇～一八三cmの一次配管、五〇cmの二次配管で計一万七〇〇〇kmを通して給水される。また、一六箇所の地下水処理の浄水場で合計五四万m^3／日が浄化されている。

今後の対策として、水道を民営化し、第一ステップで使用者を把握し、メータを設置し、第二ステップで従量に対して料金徴収し、第三ステップで配水系統の維持、管理を行う方向とした。一九九三年の国際応募で七社の提案があり、四社が残った。市は、代表区一六を四つの地区に分け、一九九二年三月よりメキシコ資本五一％、海外資本四九％の四社が経営することになった。北西三地区推定二九万八〇〇〇件をビベンディーの参加したサプサが、北東四地区二五万二〇〇〇件はアズリックス参加のイアサが、南西五地区二六万四〇〇〇件はユナイテッド・ユーティリティーズのアムサが、南東四地区三二万七〇〇〇件はリオネーズ・デ・ゾーのテクサが担当し、水需要を三〇二万四〇〇〇m^3／日から二一六万m^3／日に抑える方針である。

水会社四社へ訪問を申し入れたが、フランス関連からは競争会社が来たと断られ、残るアメリカ、イギリス系の二社から状況を聞くことができた。イアサは、ポリエチレン配管を老朽配管内へ挿入して漏水を防止することを得意とし、担当地区を計画的に工事している。アムサは、漏水防止とメーター設置を主として、シカゴから購入したメーターを順次取り付けている。一九九八年の漏水率は三五％で、メーター制の導入と漏水の修理で一五％も節水となっている。一つの地区に一会社が理想なのに、メキシコ市は郊外に三〇の町村組織と連邦直轄一六地区があり、そこに市の職員が多く分散され、給水と集金を複雑にしている。市は、ＤＧＣＯＨから水を買って市民へ売っており、水道料金は市議会が決め、どこでも同じである。ただ、電力料金は電力会社へ入るが、水道の収入は、市に入った後、警察、上下水道、石油などに分散され、水道には多くの問題が残されている。また、会社、銀行、役所のどこでも警察官が入口で何かとチェックしている。この警察官費用は、それぞれが市に払っているそうである。

ＤＧＣＯＨを訪問したが、一九九四年作成のカタログ「二〇〇〇年の水道に向けてのメキシコ市の戦略」を渡され、次の資料はいつまとめられるか不明で、政治が変われば資料内容も変わるとのことである。「遠い所よく来た」と言われても他に資料はなく、「朝日新聞の記者が見学を希望してきたので、地盤沈下の井戸を見せ、あなたには浄水場を見せる」とのことであった。やっと最後の日になってイスタパルパ地区の浄水場の見学となった。浄水場は、全一三箇所で、合計浄水能力は五万一〇〇〇m^3／日、そのうち、ラコルタ、サンククルス・メジェワルカ、プリシマ・イスタパラパなど五箇所を見学させてもらった。地下水を曝気、オゾン、凝集、砂ろ過、活性炭、電気透析、膜など各種の処理方式を組み合わせ小規模の浄水場が運転されている。原水には、硫化水素臭で白濁しているものもあった。浄水場の塔の上部に登り、回りを見渡すと、一面スラム地区である。水道より先に何か行うことがあるようで、今後の政権に期待したい。

(IV) アジア、豪州

嘉義の高台にある蘭潭浄水場．水需要の増加で緩速ろ過から急速ろ過へ

メルボルン，ヴィクトリア国立美術館．ガラス全面に水が流れる入口

高度浄水処理を導入した大邱の孤山浄水場．急増する高層住宅へ水量と水質の確保

（III）アジア・豪州

1. 北京
2. 広州
3. ソウル
4. 大邱
5. 釜山
6. 台北
7. 台中
8. 嘉義
9. 台南
10. 高雄
11. パース
12. アデレート
13. メルボルン
14. シドニー
15. ブリスベン

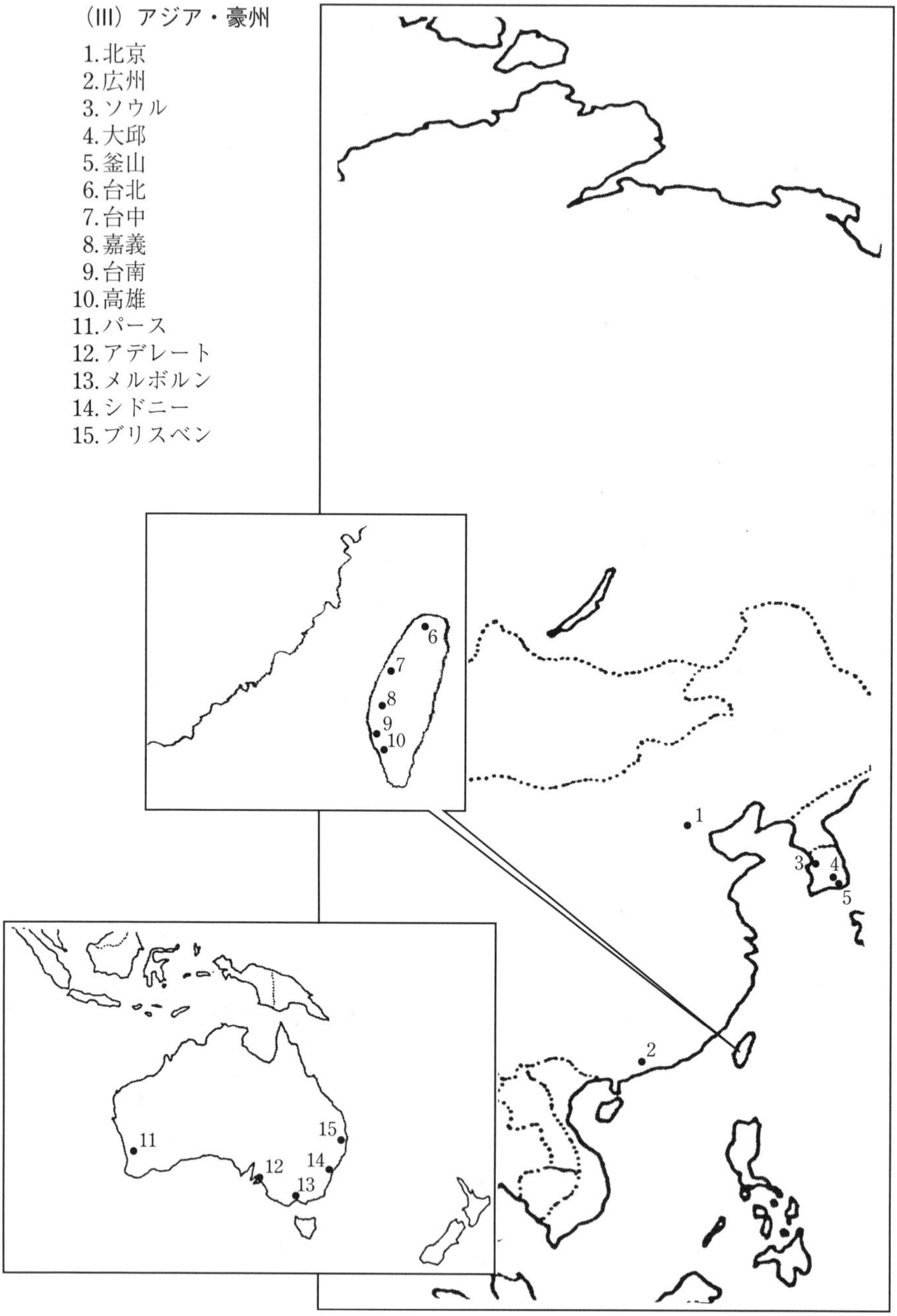

五九　ソウル

〈市民参加による水質評価委員会で水質を管理〉

韓国の首都ソウル特別市の水源は、市を二分して黄海へ流れる漢江（ハンガン）にすべて依存している。漢江は、五大河川の一つで、北と南からソウル市東側上流部で合流し、全長四九七・五km、支流六二本を持ち、流域面積は約二万六〇〇〇km^2である。約一三〇〇mm／年の降水量は、六月から九月に集中し、水源管理と水量確保は困難である。近年は北漢江の五つ、南漢江の三つ、そして漢江のパルダンダムによって水量は比較的安定している。市の一〇箇所の浄水場から、最大浄水能力七三〇万m^3／日で一〇三二万人の市民に給水している。

ソウル市水道の歴史は、一九〇三年一二月に米国人コルブランとボストウィックが韓国政府から浄水場の運転について特別許可を得たことに始まり、その後この許可は、英国人によって設立された韓国水道会社に移管された。設備はトゥクトにつくられ、給水量は一万二五〇〇m^3／日、ヨンサンの北の四大門の内側の繁華街に住む一六万五〇〇〇人の市民に一九〇八年九月より供給された。引き続きノリャンジンとクィーに浄水場がつくられ、一九四五年の独立記念日にも、三つの浄水場から九万五七〇〇m^3／日（五九L／日・人）の浄水が送られていた。経済成長、人口集中、急激な都市化により水需要は増し、一九六七年にボークアン、その後ヨントゥンポー、クィー、ソンユーにも浄水場が建設、増設され、一九七八年にはインチョン市のシンワル浄水場も吸収した。その後もクァーンアム、アムサ、カンプクの浄水場が完成し、全給水配管網は一万七五〇〇kmとなり、全容量一三〇万m^3の給水池一二五池から平均四三四万m^3／日（四二一L／日・人）が給水されるようになった。各浄水場では、着水池、薬品混合、フロック生成池、沈澱池、塩素注入池、浄水池と処理される。一九九九年に色と味の対策で粉末活性炭の自動添加装置が導入され、高度浄水処理のモデル実験と実証実験は、三段階で行う予定である。

かつて韓国環境部が全国の浄水場を調査し水質報告書を作成中、新聞社にスクープされ新聞第一面に「飲料水

水道技術研究所

がない」と問題の浄水場が公表された。下水放流口が原水の取水口の上流にあり、下水を処理せず放流していたため、市民は完全に水道を信用しなくなった。以後、放流口の移動など、水質問題には非常に神経を使っている。市は飲料水法と飲料水管理法に従って四七項目の水質基準を決め、欧米で取り入れられている水質三九項目を監視している。このうちにはビブリオ、サルモネラ、クリプトスポリジウム、ジアルジアも含まれる。また、新しく水道技術研究所を設立し、浄水技術の開発四件、無収水量の改良五件、水質の研究一一件のプロジェクトを進めている。最終目標はWHOの飲料水水質一二一項目として、浄水のウイルス試験も開始している。海外の水道について情報を持った訪問者にはコップ一杯の水道水が出され、味に関しての感想をいろいろと尋ねられる。

市民参加で浄水場の管理が行われている。水質評価委員会を水の専門家、市民、市議会委員、新聞記者から構成し、原水、浄水、蛇口から水を韓国科学技術協会、韓国環境・水道協会で分析し、その結果を公表している。毎月開催される水質評価委員会以外に、一九九九年には市民参加の水質テストを三〇〇回、水質テスト公開展示を二一〇回、浄水場見学は三万九〇〇〇回に達した。

上流の広い範囲を水質保護特別地区として指定し、環境庁、ソウルとインチョンの市議会、キョンギ、カンウオン、北チュンチョンの地方議会と漢江流域管理委員会を構成し、共同で毎月四〇地点における二六項目の水質分析を行っている。

ソウル市には七〇mを超す高い山があり、六五箇所の一段貯水池、三四箇所の二段と三段の貯水池から三〇mごとに浄水を上げて供給する。複数の浄水場から給水される三九箇所の地区給水池は、合計容量二六二万m^3で、配水地区は二〇三七にブロック化されている。

水量・水質のデータで自動運転

六〇　大邱〈フェノール汚染事故によりオゾン、生物活性炭の導入〉

韓国第三の都市で、盆地に位置する大邱（テグ）広域市は、水道原水を西に流れる洛東江（ナクトンガン）と、ウンムン、カーチャン、コンサンのダムから得ている。水源は、七三％が河川からメーコック（梅谷）、トゥリュー、チュクコク、タルソンの浄水場に送られ、二一％がウンムン、六％が他のダムである。一九九八年には、七つの浄水場から浄水能力一七二万m^3／日で、四〇の配水池、四一のブースターポンプ、配水管長七一一八kmを通して二五〇万人の市民に給水された。平均浄水量は一一七万m^3／日であった。

一九〇六年にテグにおける浄水場の計画が検討され、一九一八年七月、カーチャン浄水場から浄水量二八〇〇m^3／日で、給水人口約三万人に給水された。その後、ダムと浄水場の設備が増設された。一九六九年にカーチャン、サンキョク、トゥリューの三浄水場が、その後もコンサン、メーコックの二浄水場が建設され、一九九一年には水質協会が創設されている。そして水需要に応えるためコサン（孤山）、タルソンの二浄水場がつくられ、一九九六年には工業用水からの給水を行い、二箇所に高度浄水処理を導入し、一九九八年にはチュクコク浄水場がつくられている。

都市の急速な近代化のため上下水道システムの建設に無理が生じていた。洛東江上流域に半導体工場をはじめとした工業団地がつくられ、河川水が汚染され、原水水質はＢＯＤ三mg／L以下と、水道に関しては二級の水質であり、従来法の砂ろ過と消毒のみで飲料水とするには大変な努力が必要であった。一九九一年にフェノールによる汚染事故が起き、下排水の流入を防ぎ、水質を向上させる「水質情報交換のための自治体間会議」が河川流域でつくられた。一九九六年にコサン浄水場においてオゾンと生物活性炭のセミナーが実施された。現場も見学したが、メーコック浄水場には発生土の処理に立派なフィルタープレスの汚泥処理棟が新設され、他方、未処理に近い下排水が急流となって流れていた。一九九八年か

みんなが見えるように魚による原水モニタリング

らダム上流域に九二箇所の下水処理場を建設する方向で、「きれいな水質を守るためには、流入する下排水の処理が最も重要である」と、水環境全体を視野に入れている。

最大浄水能力八〇万m^3/日のメーコック浄水場は、急速攪拌、フロック形成池、沈澱池一六池、ろ過池四八池、浄水池四池の処理工程で浄水を得ている。しかし、汚染されやすい河川水からの浄化のため、トゥリューとメーコック浄水場では市と政府の予算でオゾンと粒状活性炭の工程を追加した高度浄水処理に転換した。

浄水量三二万m^3/日のトゥリュー浄水場では、高度浄水処理へ二六五億ウォン(一ウォン=約〇・一二円、一九九五年)をかけ、一九九三年一二月から一九九七年の三月に建設を行った。オゾン接触池四池、活性炭一六池、ブースターポンプ一台がある。メーコック浄水場では、六三八億ウォンをかけ、一九九四年一二月から一九九八年の五月に高度浄水処理への追加建設を行った。オゾン接触池四池、活性炭二四池、ブースターポンプ一台に粒状活性炭の再生設備一基である。これにより原水水質が三級のレベルでも臭気物質や発ガン性物質などを完全に除去でき、汚染事故にも対応できる。

水質評価委員会では、採水した水道水を四五項目で分析し、結果を公表している。テグの浄水は心配なく飲める飲料水である。しかし水道に対して年間二万二〇〇〇件もの嘆願や陳情があり、年々増加する傾向にある。二四時間体制で水質、断水、水圧低下、漏水、管破損などの問合せに答え、突然の事故に対応するチームを待機させている。さらに工業用水からの転換、浄水場の拡大、洛東江の堰の近代化、二二・六kmの給水配管を引き、二〇〇二年のワールドカップのスタジアムに給水する。浄水場の若手管理者も世界各地の浄水場を訪問し、自分たちの現場に改良を加えている。一例として腐食防止とメンテナンスを考慮して塩素注入設備の配管をすべて部屋の上部空間に設置している。

汚泥濃縮槽

六一　釜山〈毎週水曜日は水の日〉

釜山は、釜山広域市水道事業本部が五つの浄水場から、東北部の機張郡から西南部の江西区へ、南は影島区の一五地区へ、七三箇所のポンプ場と七五箇所の配水池を通して最大浄水量二五〇万m^3／日の浄水を給水している。

水道の歴史は、一八八六年に宝水川の水を竹の導水管を用いて給水することから始まり、一八九四年に韓国初の上水道設備である大庁洞配水池が設置された。一九三二年に梵魚寺と法基に水源池が築造され、一九四六年に回東ダムと鳴蔵浄水場が竣工した。一九六三年には規模を拡大して釜山が政府直轄市に昇格し、水道局を新設した。以後、拡張工事を重ねながら一九八九年には上水道事業本部を発足し、一九九五年から釜山広域市に変更し、総事業費一七一一億ウォンの第六次拡張事業で全浄水能力を増加させてきた。浄水場の一日最大能力は、徳山一五五万五〇〇〇m^3、華明六〇万m^3、鳴蔵二七万七〇〇〇m^3、五倫六万m^3、梵魚寺八〇〇〇m^3である。浄水処理の工程は、河川から取水し、沈砂池で塩素を添加し一次殺菌を行う。ポンプ場より浄水場へ送水し、前オゾン処理で殺菌、色、味、臭いなどを除去し、有機物質の酸化を行う。着水池と混和池で硫酸アルミニウム、粉末活性炭などを添加し、沈澱池、砂ろ過池を通し、後オゾン処理で消毒と、活性炭ろ過の効率を高める酸化処理が行われる。次に粒状活性炭ろ過で残留している有機物の吸着と微生物による処理を行う。浄水池で塩素を添加し、ポンプ場から配水池を通して市内へ給水される。海抜四〇m以上の区域へは高地区向けのポンプ場を経由する。

韓国南部へ流れる大河川の洛東江は、北の乃城川、平辺川から流れ、琴湖江、黄江、南江の流れを集めて、釜山から対馬海峡へ流れる。中流域には大都市の大邱などが発展し、工業化などに伴い水の使用量が多くなり、河川流量の低下、汚染の進行により下流では途中で水が淀んでいる。取水地区の水質は、ＢＯＤ三〜六ppmと二〜三級の水質であり、オゾン処理を含めた高度浄水処理は、水源の水質悪化に対して苦慮してきた市の水道局が独自

韓国で初めてオゾン処理を導入した華明浄水場

に検討し、国からの援助なしに建設を発注してきた。華明浄水場は、韓国で初めての高度浄水処理プラントである。

梅里取水場からは徳山浄水場へ、勿禁取水場からは回東ダムを経由して華明浄水場へ、五倫取水場からは五倫と鳴蔵浄水場へ原水が送られる。オゾンを含む高度浄水処理は、華明ではフランス製のオゾン発生器四台、徳山では米国製の五台が納入された。二〜六分間のオゾン処理、厚さ二・二五mの粒状活性炭ろ過を約八分で通過させる。華明はオゾンと粒状活性炭が、徳山はオゾンが、鳴蔵と五倫もオゾンと粒状活性炭が導入されている。

老朽配管は、ステンレスやポリエチレン管と交換している。水質検査は、一九九一年に発足した水質検査所で、水源水質二三項目、浄水水質四三項目と他の有害有機物三一項目を分析している。

毎週水曜日には水道巡回無料訪問サービスを実施し、蛇口、パッキンの交換、屋内の漏水点検、メーターの保守点検、修理、交換、水道タンクの水質検査などを行う。水道料金と工事についての苦情の処置にも対応し、上水道の不便な事項を解決している。水曜日は水の日として三大浄水場を公開している。節水器具は巡回で展示し、市民との訪問対話で随時交換を実施している。さらに釜山の日刊紙三紙には水道水質を公開している。

水道局は、市民のために、先端の研究開発を行い投資してきた。この点を市民にもっと理解してもらいたいとのことである。

市内の梵魚寺には，山からの小規模水道もある

六二　北京〈高硬度の地下水を高度処理の表流水と混合〉

中国の首都北京は、天安門を中心に東西約四〇kmの直線の大道路を持つ大都市である。自来水集団有限責任公司が市中心区を囲んだ七箇所の浄水場、深井戸一九〇本と浅井戸五五本から地下水を汲み上げ、合計一一三万m^3／日を供給している。さらに一九八五年より田村山浄水場が、密伝ダムからの表流水を一七万m^3／日処理し、一九九五年には北部郊外に完成した第九浄水場が、原水を密云ダムと怀柔ダムから八〇kmの配管で導き、一〇〇万m^3／日を処理している。

一九九五年には供給量は二五六万m^3／日に増加し、供給地区は五四九km^2に増え、供給人口も五四八万人になった。年間供給水の六億二二〇〇万m^3は、家庭における消費が七五・八％、工業使用が一七・八％、その他が六・四％である。また、独立した南郊外の四地区おいては、各地の原水を用いた浄水場と供給システムを通して、一四万m^3／日を供給している。水道は市のすべてで利用でき、平均の水消費量は二二八L／日・人である。

一九〇八年、清朝の農業、工業、商業部門によって市の水道会社が設立された。初めての水供給は、一九一〇年、孫河表流水のポンプ送水で行っている。この時の容量は、たった三三〇〇m^3／日であったが、水源の流量が不安定で汚染が起こるため、一九四二年には表流水を見捨てて地下水の開発に向かった。一九四九年までの開発はゆっくりで、五万m^3／日を三六四kmの配管を通して供給し、市人口の三〇％の約六〇万人が対象であった。一九四九年に新中国が成立してから北京自来水は急速に発展し、地下水の浄水場が順次つくられた。しかし、地下水は硬度が高く、また、汚染されやすかった。歴史的にも沸かしてお茶を飲む習慣であるので、子供が「お腹が痛い」と言うと、親は「生水を飲んだのか」と質問するほどであった。風呂で石鹸を使おうとしても全く泡立たず、湯沸かし器にはカルシウムが白く沈着した。その後、硝酸塩の濃度も増加していた。また、表流水処理のオゾン、粒状活性炭を用いる田村山浄水場と粒状活性炭を用いる

高度浄水処理を導入した田村山浄水場(北京市自来水公司提供)

第九浄水場が完成し、現在は浄水池で表流水系の水と混合して給水している。

最新の第九浄水場の処理は、低濁度と低水温の原水のため、ポリ塩化アルミニウムと塩化第二鉄を凝集剤として用い、粒状活性炭を利用して臭味、色、有機物濃度を低下させている。一系の処理フローは、前塩素、ポリ塩化アルミニウムの急速撹拌、塩化第二鉄混合、アクセレーター、アンスラサイト砂ろ過、粒状活性炭、後塩素、浄水池、追加塩素、アンモニアでクロラミンに変換して給水している。二系は、前塩素、ポリ塩化アルミニウムの急速撹拌、フロック形成池、沈澱池、アンスラサイトろ過、中塩素、粒状活性炭ろ過、後塩素、浄水池、追加塩素、アンモニアでクロラミンに変換している。

ポンプ場は、市を取り巻くように配置され、浄水を全長五一五八kmの配管で市の中心へ供給している。管網の水圧は、五二箇所でモニタリングされ、センターから調整している。水圧は、朝の五時から夜の一〇時まで最低一八mの水頭、深夜は一六mである。市内には約一二〇万個のメーターがあり、そのうち約二三万個が水料金の徴収に利用され、消費者は銀行か事務所へ料金を直接払う。節水運動も展開中で、工場における水の再利用率は、八四・七％にまで上がっている。

中央研究所では、原水、処理水、配水管内の浄水を一〇〇以上の水質項目で分析している。分析の職員は三八名で、浄水は飲料水の国際基準に一致している。公司の職員は、技術と管理の一二七七名、中間管理者の六六名を含め、全五九一六名で、公司資産は三八億元である。

さらに関連公司として設計・エンジニア部門、サービス部門などがあり、最近では「お客第一、サービス第一」を目標としたホテルの経営も行っている。

田村山浄水場通水式

六三 広州〈生水を避け、お茶か湯冷ましを飲む〉

中国の広東省の省都で、華南最大の都市である。政治、経済、文化、交通の中心で、古来より南海貿易の窓口として発展してきた。周辺の地形は、北が高く南が低い。広州市自来水公司は、水源の九八%を河川に求め、七箇所の浄水場から人口約四〇六万人に給水している。最大浄水能力は三七〇万m³/日で、夏季は平均三五〇万m³/日、通常は平均三二〇万m³/日である。公司は、他に三つの配管とメーターの工場を持ち、従業員は約六〇〇〇名である。

一九〇五年に小さな浄水場から出発し、一九五〇年には一〇万m³/日の給水量であったが、一九七九年の対外解放政策の後に一〇箇所の浄水場となり、一九八五年には一七六万m³/日の給水量となった。その後、小さな車坡、河南、黄浦の三つの浄水場が統合され、七箇所となり、今後、南の水源を利用する小洲浄水場の建設が計画されている。

近年、広州市の発展は目覚ましく、旧地区の改造だけでなく、近隣の花都市と番禺市を取り込み、市の範囲を広げている。政府発表の資料によると、広州全体は、八つの区と四つの直轄市の人口約六八五万人で、自来水公司の担当地区は、八つの区のみである。公司本部の事務所は、南国らしい庭園にざくろに似た花が咲き、蘇州庭園のような南中国の独特な建物と庭の壁に円形に開けた通路、中国の伝統的な拱門がある。五階建ての事務所のエレベーター内には小さな椅子が置かれ、専任の担当者が操作する。中国では、仕事がいくらでも分割され、失業問題はなさそうである。公司本部の事務所隣には比較的大きな西村浄水場がある。

亜熱帯気候に属した温暖な豊かな土地で、年間の平均気温は約二二℃、雨季は四月から九月、降水量は一六〇〇mm/年、河川水の水温は冬一〇℃、夏三二℃、濁度は冬二〇度以下、夏八〇〇度以上、臭気は藻臭と泥臭が主である。浄化方法は、河川水に塩素四mg/L、アンモニア〇・五mg/L添加、次に凝集剤として硫酸アルミニウ

広州自来水公司の中庭

ム二〇mg／L添加、消石灰の水溶液でpHを六・八～七・二として、凝集、沈澱、砂ろ過を行い、貯水池より残留塩素〇・八～一・三mg／Lを添加して市内へ給水している。浄水の水質は、濁度二度、総硬度は冬八～九度、夏三～五度である。トリハロメタン生成は、前段のクロラミンによる塩素処理のため、浄水場での生成量は少なく抑えられている。

ポンプの運転台数は、コントロール室から制御され、砂ろ過設備には地方色豊かな五台の移動式砂洗浄装置が乗せてある。細長く区切られた砂ろ過池上部を雨よけのなお堂のような屋根を付けた台車が移動しながら砂を部分的に洗浄し、洗浄排水を横の溝へ排出している。日本とは異なり、雨量が多くとも風が弱く、この屋根で十分雨を避けることができる。

広州市の水道水は、そのまま飲めるレベルではなく、特に高層ビルの屋上の貯水タンクに貯留される場合、定期的にタンクは洗浄されるものの、水圧が足りなく、衛生面の問題に不安が残っている。一般市民は、直接、蛇口から水道水を飲まず、お茶にするか、あるいは一度沸かした湯を冷ましてから飲んでいる。建物全体を冷房している外貨獲得のための高級ホテルでも、風呂場の湯はやはり、カビ臭が感じられる。

最近では流行としてプラスチックボトルの純水が飲まれ始めている。その反面、「食は広州にあり」と言われるように、飲茶専門のレストラン、屋台が中心の飲食店が繁盛し、また、生薬を利用した数多くの薬が売られ、市民の健康と水質との関係は、あまりにもかけ離れているようである。

「共生の思想」を打ち出し、現在、日本景観学会の会長である建築家黒川紀章氏が広東省政府顧問として広州市の都市計画を引き受け、南部の西江の河口湿地地帯も含めた地域全体に、すべての生物が生存できる連続した帯状の緑地「生態回廊」を残すよう計画が進められている。

自動砂ろ過逆洗装置

六四　台北〈受水槽から高置水槽へのポンプアップを推奨〉

台北特別市水道の台北自来水事業處は、五つの浄水場から最大二七四万m^3／日を市民約三八〇万人に給水している。事業處本館入口には、標語「飲水思源」が掲げられている。

水道の歴史は、清国の代、一八八五年に劉銘傳将軍が井戸水をろ過し公衆の飲料水として給水したことに始まる。一八九八年にバルトン教授が水源の視察を行い、一九〇七年には新店渓を水源とした近代水道の事業が開始された。一九〇九年においては、計画給水人口一二万人に対して浄水能力は二万m^3／日であった。一九二四年に計画給水制度を導入し、一九三二年の浄水能力は二万八〇〇〇m^3／日であった。以後、地下水の積極的開発を進め、一九六三年には一〇万m^3／日、さらに水源と給水地区の拡大を促進して、一九七七年には一一六万m^3／日となった。一九八二年、原水、薬品注入、浄水、配水の四箇所で水質を監視するシステムを完成させ、一九九五年には、配水池一二池、ポンプ場一八箇所、配水幹線は二五〇kmとなった。

一日浄水能力は、直潭浄水場が一五〇万m^3、長興が六四万m^3、公館が五〇万m^3、雙渓と陽明がそれぞれ約五万m^{3}である。浄水は、市内と、東の南港、北の内湖、北西の三重、天母、北投へ給水されている。

台北の集水地区は翡翠ダムで、ダム放流水を直潭取水口と青潭取水口より受け、直潭、長興、公館の三つの浄水場へ送っている。浄水処理は、原水に苛性ソーダを加えpH調整、硫酸アルミニウムと塩素を添加して急速攪拌、次に緩速攪拌の後、フロック形成、沈澱池から上澄水を砂ろ過へ、ろ過水に塩素を添加して給水する、急速ろ過方式である。他の二つは、表流水、湧水など複数の水源から取水し、急速ろ過、緩速ろ過、あるいは直接塩素添加で給水している。

台北の水瓶である翡翠ダムは、一九七〇年に計画され、一九七九年に工事を着工して、一九八七年に完成している。全貯水量は、今後五〇年間の水需要をまかなうこと

翡翠ダム

ができる四億六〇〇万m³である。ダム周辺は、水源保護地区となっていて観光客は立ち入れない。採水船から観察すると、ダム斜面には土砂流出部もなく、青く澄んだ水が満々と蓄えられている。ダムの沈積物は、三mm／年の八〇万m³と設計値より低い値になっている。ダムの標語には、水が十分に供給され生活を楽しんでいる時でも、水のない苦しみを忘れてはならないと「有水之便、應思無水之苦」が記されている。

水道水質の分析は、水温、濁度、pH、全溶解性物質、一般細菌、大腸菌群、残留塩素の七項目が三八〇箇所の一般家庭で測定され、他の水質項目を入れた二四項目が二五箇所の観測点で月に一回測定されている。一一月の測定結果では、水温二〇～二五℃、濁度〇・一～二・一NTU、TOC〇・四～一・〇mg／L、全溶解性物質四〇～七二mg／Lであった。

台北の都市開発は急速に進み、人口三〇万人の容量に対して約八倍となり、周辺都市も拡大して、水道の仕事が重要となっている。市民へのパンフレットでは水道水の安さを示し、配管からポンプによる直接給水では汚水の混入が心配されるため、受水槽から高置水槽へのポンプアップを推奨している。街の中では純水機や浄水器の

魚を入れた水質監視池

看板が目立つ。

水道博物館が公館浄水場の旧ポンプ場に整備されている。緩速ろ過設備を主体とした当時の浄水場の全体模型、昔のポンプ、送水管など水道に関する資料が整備され、年に数回展示している。この建物は芸術的価値が高く、市の重要文化財となって大切に保存されている。

市の重要文化財である水道博物館

六五　台中〈降雨時、台風時の濁度処理に問題〉

台湾省自来水股份公司は、一九七四年の元旦に台北特別市水道を除く省全体の水道がまとまり成立させた水道公社である。改善の必要があっても後回しになっていた省営七箇所、県市営八箇所、町村共営七箇所など合計一二八箇所の公共水道設備に対し、事業発展のため、統一作業、長期計画、人員集中化、投資効率化などを含む「台湾水道公社事業実施統一経営方案」を決め一体化させた。管理は、台湾を全一二区に分け、「各家庭に水道を」、「水道水質の向上」を目標に活動を開始し、全配管長は約三万四〇〇〇km、全従業員は約六七〇〇名である。公社本部は台中市にある。建物入口の通路には経営理念としての「質優量足」、「親切信頼」、「創新効率」の標語が掲げられ、部屋には「経営目標」制度・効率・科学、「工作精神」主動・積極・負責、「服務態度」親切・熱心・誠懇、「員工栄誉」認同・信頼・支持のポスターが貼られ、大会議室には国父の孫文の肖像が掲げられている。各種の分析機器が揃えられた水質分析室には、三箇月に一回、二三四箇所の浄水場から原水と浄水が運ばれ、一一名の分析担当者によって水質が調べられている。

台中県台中市には、台湾水道公社の第四区に属する大小七四の浄水場がある。その豊原給水廠は、台中市と台中県の一部の公共給水、工業用水、船舶用水、彰化市の用水など、中部地区の総給水量の八〇％以上、人口では一四〇万人を対象にした最新のものである。第一浄水場、第二浄水場の浄水能力は、合計七〇万m^3／日である。原水は、大甲渓の河川水を一九七七年につくられた有効貯水量二七〇万m^3の石岡堰から導き、処理は、薬品混和、沈砂、フロック形成、沈澱、ろ過、消毒を行う。

第一浄水場は、第一期工事により一九七七年に一〇万m^3／日が、第二期工事により一九八〇年に一〇万m^3／日が、第三期工事により一九八五年に二〇万m^3／日が完成した。凝集剤はポリ塩化アルミニウム二〇mg／L添加、沈澱池には藻の発生も起こるが、臭気ではなく魚の味なので、塩素の添加で解決している。沈澱池には深さ四・

豊原第一浄水場

汚泥乾燥床

五mに傾斜板を入れてあるが、下部は砂で埋まってしまう。第一、第二の砂ろ過は、サイホン式の自動洗浄方式、一日一回、逆洗浄八分、ろ過水濁度は〇・三程度になる。第三期工事は、フランスの水処理メーカーが受注し、試運転は一年間、水量、水質の条件が満たされるまで行った。砂ろ過は、一日一回、水と空気で一二分、その後に六〇〇m^3の水で逆洗浄を行う。

第二浄水場は、隣に建設され、第一期工事は一九九二年に完成し、浄水能力三〇万m^3/日で、オーストラリアのウエレンバービーの技術を導入している。この技術は、四池の沈澱池に各一六個の高さ二mのコーン状にしたABS製の布をロープで水中四・五mの深さに入れてブランケットをつくる方式で、凝集剤のポリ塩化アルミニウムは一〇mg/Lで効果を示す。

石岡堰の河川上流域は、一九八一年に環境保護区に指定され、一九八六年には上流の山地も含む広い地区も指定された。上流には四つのダムがつくられ、天然の沈澱池となっている。環境保護署の長期にわたる水質分析結果でも、台湾における優良な河川水であることが示されている。苑子口の原水は、TOCが〇・六〜〇・八mg/Lであるが、台風時には一・九mg/Lに上がる。浄水場の水質は、年間二五〇日は濁度五NTU以下であるが、降雨時、台風時には五〇〇〇〜六〇〇〇NTUとなり、これに砂が加わる。堰はオーバーフローのダムで、台風時、原水の〇・五%、二〇〇メッシュ以下の砂を含み、二〇〇〇〜三〇〇〇m^3の砂が浄水場に入ってしまう。五年に一回ぐらい起こり、砂の運び出しが大変である。確かに導水路には浄水と同様のきれいな水が勢いよく流れている。政府からの負債が大きいにもかかわらず、水道水の料金は安く、市民は節水もせず利用している。また、プラスチック配管が多く、公共投資として長期間の投資効果に心配が寄せられている。

台中は、一九九九年九月二一日に起きた集集（チーチー）地震の断層の上に位置し、石岡堰は崩れ、浄水場の傾斜板は散乱し、浄水池も被災した。

六六　嘉義〈給水人口増加で緩速ろ過から急速ろ過へ〉

嘉義（チャイー）市は、台湾の中部の北回帰線の位置にある。嘉義県は、台湾水道公社の第五区管理處に属し、大小四七箇所の浄水場がある。給水計画人口約一五六万人、給水量約六四万m^3／日で、そのうち嘉義市を含む嘉義給水系統は、計画人口五八万人、給水量約二九万四〇〇〇m^3／日である。第五区管理處の建物には孫文の思想、民族、民権、民生に関した「実行三民主義」のポスターが貼られている。水質分析室では、農薬を除いた有機物、無機物、微生物の分析が行われている。四七箇所の浄水場から月に一～二回、原水と浄水が送られてくる。ほとんどが地下水で、市民はあまりダムの水を信用していないとのこと。

嘉義給水場は、公園浄水場と蘭潭浄水場の二つの浄水を扱っている。給水対象は、嘉義市と周辺の四町村の約二八万人である。蘭潭ダムは、一九四四年に完成し、有効貯水容量八九二万m^3で、仁義潭ダムは、一九九〇年に完成し、貯水容量は約二六〇〇万m^3である。公園浄水場は、一九〇七年に浄水能力一八〇〇m^3／日の緩速ろ過設備で給水を開始したが、人口の増加に伴い急速ろ過方式に変換した。一九八七～九四年の第一期拡張工事に一日の浄水能力七万五〇〇〇m^3、第二期に二二万五〇〇〇m^3をそれぞれ確立し、合計二〇万m^3とした。最高浄水能力は、二七万五〇〇〇m^3／日を記録している。浄水処理は、自然流下方式で、薬品の急速混合、沈澱池、自動逆洗浄砂ろ過の二系統である。砂ろ過は、台湾機械公社製のハーデンジフィルターで、一系統はプレハブの建物で覆われている。塩素二・五mg／L、硫酸アルミニウム三〇mg／L添加で、水質的にはアンモニア性窒素の変動が少なく、塩素の処理で十分対応できる。濁度変化は大きいが、原水の汚れが少なく、トリハロメタン問題は心配ない。現在、緩速ろ過池四池は放置されたままである。

蘭潭浄水場は、浄水能力五万二〇〇〇m^3／日で、蘭潭ダムの貯水を原水とし、処理は、急速混和、凝集沈澱、砂ろ過である。浄水場は、高台にコンパクトにまとめら

水中曝気で臭味対策中の蘭潭ダム

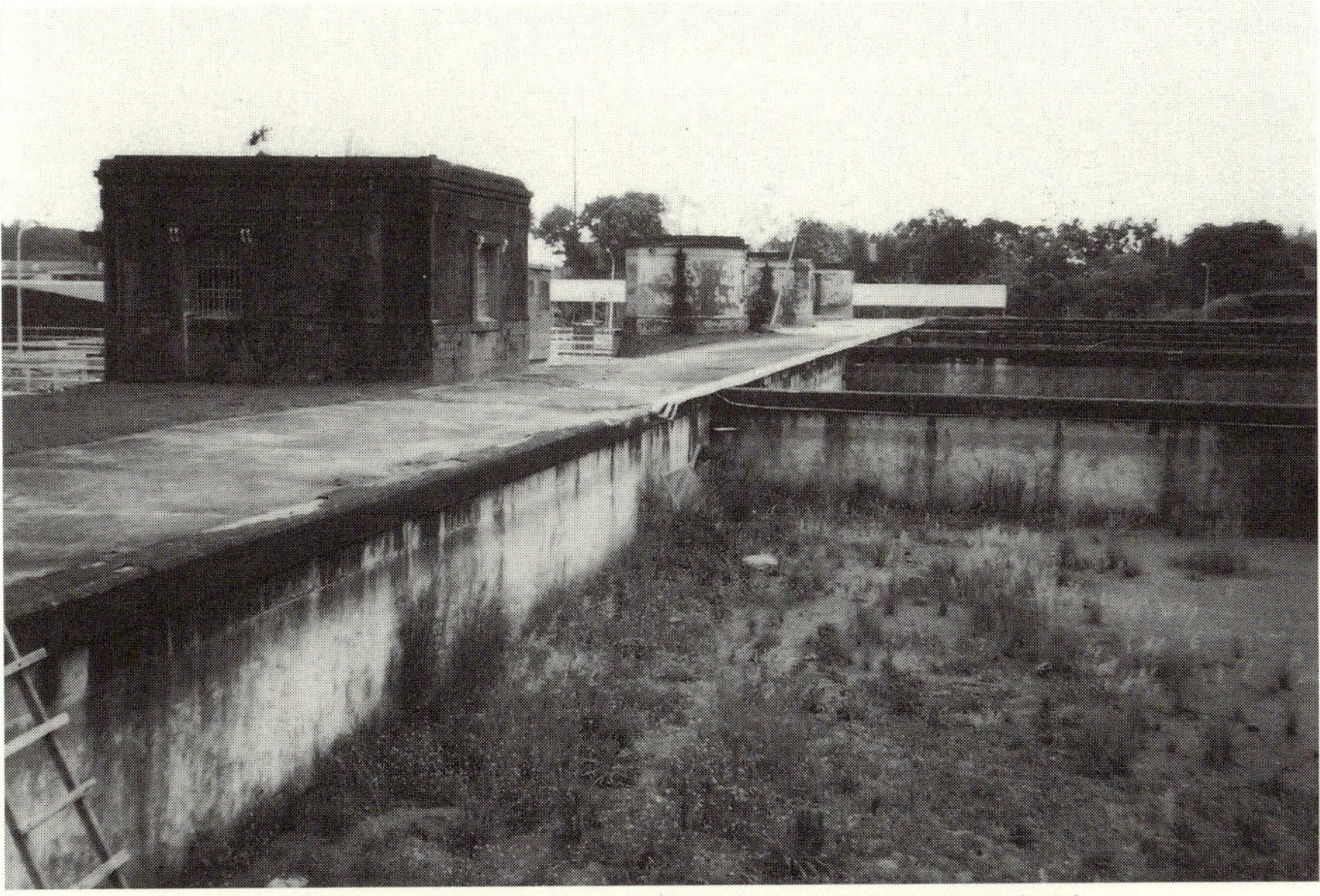

緩速ろ過池を使用停止にし，急速ろ過へ変更(公園浄水場)

れており、容量一七〇〇m^3の浄水池から自然流下方式で市内の容量六〇〇〇m^3の配水池へ送られる。蘭潭ダムは、水位も低く富栄養化が始まっており、水中曝気方式で異臭味問題に対処している。ダムは沈澱池の役割をしており、塩素三・五mg／L添加、凝集剤添加なし、後塩素添加なしによる処理である。

かつて後藤新平の要請を受けて台湾総督府の衛生顧問として台湾に渡ったウイリアム・バルトン教授は、一八九七年七月から水源の調査を行い、浄水場の建築計画など現実的な提案を行った。

六七　台南〈省エネのためにも直接蛇口から〉

台南市は、台北から南へ約三三〇km、北回帰線より南に位置した熱帯性気候で、人口約七〇万人の台湾第四の都市である。一六二四年にオランダ東インド会社が台湾の拠点として占領し、一八八五年に行政機構が台北へ移されるまで、台湾の首府として機能していた歴史ある古都である。

台湾水道公社の第六区管理處に区分され、計画給水人口一七五万三〇〇〇人に対して給水能力は六六万八〇〇〇m^3／日、潭頂、山上、烏山頭、白河、大内、頭社、楠玉、南化の八つ浄水場がある。大きな浄水場は五つで、特に化学工業と鉄鋼業への工業用水の供給量が増加している。

湯を沸かして茶を飲む習慣をなくし、水道水を蛇口から直接飲めれば、湯を沸かすエネルギーが減り、全体での省エネルギー効果となる。そのためには習慣を変える必要があり、人々が直接水道水を飲めるように六箇所で試験が行われている。台湾電気会社からの電気代は、一・二元／kWh、水処理の電力コストは〇・三元／kWh程度である。

主要水源は、東北部の曾文ダムと西の台湾海峡に流れる曾文渓で、途中に烏山頭ダムがつくられている。また、東側の南化ダムと鏡面ダムにも水が蓄えられている。一九九四年、曾文ダムから烏山頭ダムへ三〇万m^3／日、南化ダムから南化浄水場へ八〇万m^3／日の導水路が完成した。水需要の多い南隣りの高雄市へ直径二〇〇〇mmの配管で二四万m^3／日を送水している。曾文備用浄水場は、一五万m^3／日の浄水能力を持っているが、河川の汚濁と工業排水の混入などで運転を中止している。

潭頂浄水場は、一九六九年に建設され、一九七五年に二期工事が行われて浄水能力一八万m^3／日となった。処理設備は、自然流下方式で、薬品混和池四池、緩速攪拌池四池、フロック形成池四池、沈澱池一六池、急速ろ過池一六池、浄水池三池で容量五八〇〇m^{3}である。送水ポンプは四〇〇馬力が八台、送水量は五万七〇〇〇m^3／日

配管からの薬品滴下（潭頂浄水場）

である。毎年四～六月に藻の発生が起こるが、塩素と砂ろ過で対応している。前塩素一・二mg／L添加、後塩素を調整し、各家庭の蛇口における残留塩素は、夏季が〇・五mg／L、冬季か〇・二mg／Lとなるようにしている。しかし、まだ市民に水道水を直接飲む習慣がないため、トリハロメタンのことは問題になっていない。設備関連の配電盤は、日本と米国の製品が用いられている。塩素ガスは、一tボンベを並べて利用しているが、塩素ガスの漏洩に対する中和装置がなく、環境保護署から設置命令が出されている。送水ポンプは外置きで、発生土はタンクローリーで他へ運搬して処分している。年間降水量が多いためか、プラスチック透明カバー付きの天日乾燥床が作成されていた。

台南給水廠、潭頂浄水場の案内冊子には、水道公社の経営理念と「愛惜水資源節約用水、有水時當思無水之苦」の用語が記されている。なお、山上浄水場は英国、南化浄水場は米国の技術を導入して建設された。水源の烏山頭ダムは、日本の技師八田与一の指揮により一九三〇年に築造され、嘉南大圳の農業用灌漑事業を完成し、この地方の農業生産を跳躍的に増加させた。八田は、一九四二年、米軍の攻撃によりフィリピンへ向かう輸送船で亡くなるが、関係者によってダムの近くに銅像と墓が建てられ、今でも命日の五月八日には墓前で追悼式が行われ、故人の遺徳が偲ばれている。また、台湾都市の水道設備建設に関しては、後藤新平がバルトン調査報告をもとに台北、基隆、台南の順に優先順位をつけて実施に移した南部で初めての都市である。

沈澱池と工事中の透明カバー付き天日乾燥床

六八　高雄〈景勝地の澄清湖が水源〉

台湾第二の都市の高雄（カオシュン）は、台北から一日四六便もの航空機が飛んでいる。飛行場から市内への広い道路と高層建築の多い人口約一五〇万人の都市である。台湾水道公社の第七区管理處に区分され、計画給水人口約二九一万人、約一七七万五〇〇〇m³／日の給水である。高雄給水系統の大高雄地区の約二五〇万人へ生活用水、工業用水、防火用水、船舶用水として約一四五万m³／日が六箇所の浄水場から供給されている。管理處内には全部で大小五六箇所の浄水場があり、水不足のため台南市の南化ダムの水も導入して供給している。。近くの島の小琉球へは海底の配管が設置してある。また、市の西北に位置する諸島の澎湖県では、降水量より蒸発量が多く、海水淡水化や船による水の運搬を行っている

景勝地として有名な高雄の圓山大飯点の前面に広がる人造湖の澄清湖（田沢湖と姉妹湖）が水源となっている澄清湖給水廠は、容量三二〇万m³の湖水を浄化して給水している。湖には東を流れる高屏川より原水として表流水を一五～二〇万m³／日、河川伏流水を二五万m³／日を導入している。アンモニア性窒素を含む汚れた河川水を入れたため、湖は富栄養化を起こしプランクトンが大量に発生した。一九九三年より水質改善の対策として曝気装置を設置し運転している。浄水処理設備は、全部で三系統あり、原水ポンプから三種類の処理が行われている。処理フローは、薬品注入、高速攪拌、フロック形成、沈澱、砂ろ過、塩素添加、容量九万m³の浄水池である。三種類の処理は、ハーデンジフィルターで約六万m³／日、従来の重力フィルターで約九万m³／日、自動逆洗浄フィルターで約三〇万m³／日の合計約四五万m³／日である。一九九四年、水質向上のために、一五万m³／日の浮上分離による藻の除去装置と、二〇万m³／日の粉末活性炭装置を追加した。その結果、水質基準よりも良い浄水が得られるようになった。既にオゾン処理を主体とした高度浄水処理の実験は、澄清湖の富栄養化した原水を対象として国立成功大学のグループによって検討されていた。

澄清湖九曲橋

自動逆洗の砂ろ過池

台湾環境保護署主催による欧米の研究者も含めた国際的な水質研究会としての浄水場見学訪問であったが、監視制御室への立入りは全員靴を脱いでの入室となり、仏教寺院並の気の使いようである。

ここの水道公社には珍しく観光課もある。澄清湖の九曲橋、水族館は観光コースとなり、さらに海洋奇珍園には、金に糸目をつけずに収集した歴史的にも貴重な珊瑚や貝など多種類の海洋生物がところ狭しと陳列されている。澄清湖の湖畔には、中国式の建物が点在し、澄清湖八景（第一景の梅隴春暁、第二景の曲橋釣月、第三景の柳岸観蓮、第四景の高丘望海、第五景の深樹鳴禽、第六景の湖山佳気、第七景の三亭攬勝、第八景の蓮島湧金）が湖めぐりで楽しめる。

台湾は、日清戦争後、下関条約により清国より日本に割譲され、当時、高雄は打狗と呼ばれていた。一八九七年には日本に近代水道を発展普及させたバルトンが水源調査を行っている。

町には中国茶の楽しめる喫茶店、道路には飲料水としての「泉水」を運ぶステンレス製のタンクローリーが走っている。

六九　シドニー〈民間セクターで運営〉

オーストラリア最大の都市で、ニューサウスウェールズ州の首都である。シドニー・イラワラ・ブルーマウンテンズ地区水道委員会から一九九五年に発展した水道会社シドニーウォーターが、大小一一の浄水場から配水管網二万五〇〇km、配水池二六〇池、ポンプ場一六二箇所により最大浄水量三五八万m³/日を約三七〇万人へ給水している。給水システムは、プロスペクト、ウォロノラ、イラワラ、アッパーキャナル、ネピアン、オーチャードヒルズ、アッパーブルーマウンテンズ、ワラガンバ・シルバーデール、ノースリッチモンドウォーターに分かれ、九つの貯水池、六つの小さなダムがあり、二四億m³の貯水量で、三・六m³/日・人も給水できる。

冬季は雨によりダムに冷たい水が流れ込み、ダムの暖かな水を押し上げ水質を低下させる。水質に対する苦情は、鉄、マンガンで変色した水、洗濯物を汚す、塩素の臭味、濁質、沈澱物、降雨の後の濁り、不完全な消毒による煮沸の必要性などで、水質基準ガイドラインから外れることが多い。水道水は雨に依存し、自然原水が水道水より健康によいと信じることはもう神話でしかない。流域の土地開発、土壌流出などにより各種物質を溶解し、懸濁させている。土地、水、空気が都市化によって汚れ、水の汚染リスクは増加し、バクテリア、寄生性原虫、有機汚染物質が大きな問題となっている。

最近までスクリーンを通し、ろ過せずに塩素による殺菌、健康な歯のためにフッ素添加で給水してきた。しかし、給水設備内の沈澱物が消毒効果を低減させるため、すべての給水配管、貯水池などを洗浄し、ダムの取水位置の調節、貯水槽の洗浄、フラッシングなどを実施している。飲料水水質の新ガイドラインと一致させるにはまだ不十分で、一九九八年までにろ過設備を付けることになっている。

シドニーの水消費量の大部分をまかなうプロスペクト浄水場は、最大浄水能力三〇〇万m³/日で、一八八八年の貯水池完成時には数箇月間分の水が貯留できたが、現

市内への送配水管

在、夏季の需要に対しては三〜四日分を満たすのみである。原水は、二七・五km先のワラカンバダムと、六五kmの開放されたアッパーネピアン導水路から導かれ、微粒子が沈降、沈澱を待たず貯水池を通過するため、消毒以外に凝集とろ過が必要となった。シドニーウォーターでは必要となったろ過設備をコスト効果の良い民間セクターをBOO（建設、所有、運転）方式で採用し、浄水場を整備することにした。将来、最大浄水能力四二〇万m^3／日をろ過できる設備の建設を民間のオーストラリア水サービス社と契約した。この方式では、海外からの新技術導入も可能となる。プロジェクトの初期契約は、二五年間である。この会社は、先導的な企業である国内二社とフランスの水会社リオネーズ・デ・ゾー・ドメズからなり、シドニーウォーターは、原水を浄水場へ販売し、浄水を購入して市民へ給水している。今後も運転期間の延長、再契約、あるいは浄水場購入などを選択することになる。このような移管方法は、他の公共施設でもよく行われている。マッカーサー浄水場も一九九六年に民間セクターによって改造を完成させた。契約は、二五年のBOO方式で、この会社はトランスフィールド社とノースウエストウォーターとの共同企業体で、シドニー湾のトンネル、新鉄道、水処理設備、メルボルンの競技場などを設計・建設し、防衛から電力まで各種設備の運転実績を持っている。

一九九八年七月から九月にかけて、シドニーの浄水場、配水池、給配水管などから原虫が検出された。原因調査、分析精度、配管洗浄、対応策などが検討され、三回の水道水煮沸勧告が出された。原因は不明で、患者は確認されていないが、シドニーウォーターの社長、重役は辞任、幹部は解雇され、シドニーウォーターの水事業も大幅に削減されている。

ワラカンバダムからの導水

アッパーネピアン導水塔の大型スクリーン

七〇 メルボルン 〈環境への影響は最小に、〈企業利益は最大に〉

オーストラリアのビクトリア州の首都である。メルボルン水道会社は、一五五〇km^2の水道水源流域に一六の主貯水池、全長一三四〇kmの導水路と主配管、二三のポンプ場、大きなウィネケとヤーンイーエン浄水場、六四の小浄水場を持ち、年間四億八〇〇〇万m^3の浄水を三つ水道会社に卸し、そこから市民三一九万人へ供給している。

水道原水の九〇%は、水の安全性を確保するため、市の北東の自然保護水源地から取水している。この地区の環境対策と貯水池での長い滞留時間により、水質は向上し、消毒剤の注入量も少なくなっている。しかし、残りの一〇%の原水は、汚染を受けているヤラ川の河川水をシュガーローフ貯水池に送って利用するため、一九八〇年一一月にウィネケ浄水場を完成させた。この時に、メルボルン市の一二二年間の水道の歴史で初めて浄化した水が首都の給水に用いられた。

イヤリングゴージュポンプ場は、ヤラ川あるいはマルーンダア導水路からの原水を容量九五〇〇万m^3のシュガーローフ貯水池に送るものである。深さ一九mのポンプ井、厚さ二・五mのコンクリートベースに最大能力二五万m^3/日の四台の可変速ポンプが設置され、二台は川の原水を、他の二台は河川あるいは導水路からの原水に利用されている。貯水池は、比較的平坦な地区に高さ八五mのメインダムと高さ二八mと六mの二つのサドルダムで仕切ってつくられ、緊急時あるいは川の流量が低下した時にはダム貯水を逆に川へ戻すことができる。貯水池のポンプ場には能力二四万m^3/日の可変速ポンプが三台設置され、原水を浄水場へ送っている。浄水場能力は、四五万m^3/日で、原水は必要に応じて、消石灰溶液、前塩素、硫酸アルミニウムを注入し、四五m角、六m深さの四つの凝集沈澱池に送り、約三時間滞留させる。上澄水は、ろ過池一二池でろ過され、塩素とpH調節の消石灰溶液を注入し、容量二〇万m^3の八角形の浄水池へ送られる。この浄水場には、フッ素添加と将来の原水悪化に対応した粉末活性炭の注入設備がある。沈澱汚泥は、高分

メルボルンの水系地図

子凝集助剤を添加し、濃縮後に下水処理場あるいは汚泥処理池に送られる。

ヤーンイーエン貯水池では一九九五年一月より藍藻類が発生し始め、浄水処理コストがかさむため、取水を停止している。また、他の一部の水源ではクリプトスポリジウムも検出されているが、水質が改善されれば使用を再開する予定である。

この会社の水道事業グループでは、一八六〇年代に敷設された給水配管網の更新が課題となっている。また、ベンチャービジネスとして英国の水会社との技術協力のもと、国内外の販売を含めたボトル水「オーストラリアン・ピュアー」の製造も行っている。

水路グループは、長さ五一〇〇kmの導水路を含む八四〇〇km^{2}の地域の水路管理を担当している。五〇箇所で導水路の監視、藻類の調査、クリーン作戦、設備の腐食防止対策、植林、草刈などを実施している。水辺環境の保全は、水鳥、蝶などの生物にとって重要であり、ゴミ、沈澱物、洪水などの管理も行っている。水道水源流域における森林は、人為的に野焼きが行われている。野焼きは、夏季の自然火災を抑えるだけでなく、植物の自然育成サイクルを活発化させ、森林環境のバランスをとるために必要となっている。

下水事業グループは、下水と工場排水を長さ三八〇km の配管で、大小一一箇所のポンプ場からイースタン処理場とウェスタン処理場へ送る。処理場からの処理水は、牧草地を潅漑し、一万四〇〇〇頭の牛と一万一〇〇〇頭の羊が生産されている。オーストラリアは、自然を大切にする社会を目指しており、都市部には蝿が多いが、処理水の土壌ろ過、牧草ろ過、ラグーン利用、観賞植物の栽培、消化ガスの利用など、環境へ与える影響を最小に利益を最大にする企業経営が行われている。

ウィネケ浄水場の凝集沈澱池

七一 ブリスベン〈浄水器を必要としない歴史ある水道水〉

オーストラリアのクイーンズランド州の首都である。ブリスベン川を水源とし、最大能力七〇万m^3／日の東岸浄水場と全自動化された最大能力二五万m^3／日の新しい西岸浄水場から毎年約二億m^3の浄水を約一四二万人へ供給している。都市部における降水量は、五〇〇mm／年程度と少なく、雨の多くは山間部に降り、水道原水は良質である。長年の経験を生かし他のオーストラリアの水道も指導しており、一九九二年四月に市の水道供給百周年を迎えている。

ブリスベン市の水道は、ブリスベン川の南のマウントクロスビー浄水場から能力四万m^3／日で給水を開始した。マウントクロスビー堰のポンプ場は、一八九二年につくられ、当時は、処理をしないで河川水をそのまま市民に給水していた。一九一七年に沈澱池、一九一九年ホルツヒルに砂ろ過池を完成させ、浄水処理した水道水が全市民に供給された。一九三五年には、塩素消毒の導入と東岸浄水場に沈澱池とろ過池が設置され、一九八六年には西岸浄水場が完成している。なお、川の水量は、堰の上流のマンチェスター湖とウィヴェンホウダムで調節している。

東岸浄水場のポンプ場は、能力九万m^3／日のポンプが一二台、能力四万五〇〇〇m^3／日のポンプが一二台あり、原水を堰から約一km先、高さ一一〇mの浄水場へ送っている。浄水場では、硫酸アルミニウムを添加、四つの沈澱地で約二時間滞留させる。さらに沈澱水に高分子凝集剤を加え、砂とアンスラサイトの二層ろ過二〇池へ送る。ろ過水にクロラミンと消石灰溶液を添加し、キャメロンズヒルの二つの浄水池へ送っている。沈澱汚泥は、遠心機で脱水し、埋立てとセメントやレンガの材料として利用されている。アルツハイマー病を心配して凝集剤は、硫酸アルミニウムから鉄塩に切り替え始めている。

西岸浄水場は、高さ三〇mの平坦地に築造されている。ポンプ場には、深さ三四mのポンプ井から河川水を浄水場へ送る能力各一二万五〇〇〇m^3／日のポンプが三台あ

東岸浄水場

る。また、浄水場から浄水をキャメロンズヒルに送る能力一二万五〇〇〇m^3／日のポンプ二台と能力四万四〇〇〇m^3のポンプが四台ある。ここの浄水処理は、原水の高濁度時には沈澱処理を行うが、約九〇％の期間は、低濁度であるため沈澱池を通さず加圧浮上を行う。凝集剤は、主として硫酸アルミニウムで急速混和池に添加しフロックを生成させる。その後に、加圧空気を溶解させた水を混合し、砂ろ過槽の上部で大気圧まで減圧させて気泡を発生、この気泡にフロックを付着させて浮上分離させる。ろ過水に塩素とアンモニアを添加して消毒、消石灰溶液でpH調整する。沈澱汚泥は、安定池で処理し、埋立てに用いている。

キャメロンズヒルは、容量九万一〇〇〇m^3と八万六〇〇〇m^3の浄水池を持ち、浄水は、主配管につながれて自然流下で市の配水池に送られる。夏季の水需要が増加すると、配水池横のブースターポンプ二台を運転する。

水道水の水質は、シドニー、メルボルンの水より多少硬度が高く、フッ素は、自然に〇・一mg／L含まれているので添加していない。分析結果は、すべて国立健康医学研究機関のガイドラインを満足しており、浄水器の必要は全くない。もし、浄水器を使用しても正しい管理が行われないと、逆に水質を悪くするし、さらに浄水器やミネラルウォーターは高価である。また、ボトルのミネラルウォーターは、水道水より塩分や微生物を多く含んでいる場合があり、水道水の水質基準とは一致していない。水道水は、時として濁ることがあるが、これは主配管にたまった沈泥であり、市民からの濁りの苦情は非常に少ない。水道水の分析結果は、水質報告書に記載され、女性市長さんの写真とサイン入りで市の上下水道サービス基準についてのガイドラインとともに市民に配られている。

西岸浄水場のフロック形成，沈澱池

七二　アデレード〈含塩地下水を汲み上げ、蒸発池へ〉

セント・ビンセント湾に面したサウスオーストラリア州の首都である。一九九五年七月より州の水道は、設計部門と水供給部門をサウスオーストラリア水道会社として分離独立させ、州人口の八〇％以上の一三〇万人以上に給水している。

アデレードの東方六〇km先のマレー・ダーリング盆地を流れるマレー川の河川表流水は、州全体の水源で、乾季には水道水源の九〇％の量にもなり、一一の浄水場で浄化されている。これら浄水場の建設にあたっては、まわりの景観など環境に配慮した設計が行われた。首都アデレードでは、六つの浄水場、一二〇の貯水池、四八のポンプ場、配水管網八〇〇〇kmをもって配水している。以前に水道水の特性調査を行ったところ、水質的に濁度、色、味、臭いの問題があり、政府の方針としてろ過の導入と、虫歯予防のためフッ素添加も決められた。

ホープバレー浄水場は、浄水能力二七万三〇〇〇m³／日、凝集、沈澱、ろ過の通常処理である。原水は、マレー川からパイプラインで河川水を貯水池に導き、ポンプで汲み上げスクリーンを通し、殺藻を目的に塩素を配管内で添加する。凝集剤の硫酸アルミニウム、助剤の活性シリカを添加する。凝集剤注入後、異臭味の対策に粉末活性炭を添加する。フロック形成池、沈澱池からの上澄みを石灰でpH調整後、砂利、砂、アンスラサイトの二層の急速ろ過池へ送る。ろ過水は、塩素濃度一・〇mg／L、フッ素も加えて浄水池に貯留される。

貯水池では、プランクトンの増殖防止に少量の硫酸銅を散布しているが、異臭味対策の粉末活性炭の添加期間が長くなってきている。また、配水管網の微生物学的な基準を保つため、定期的に池の壁や床を次亜塩素酸ソーダ溶液のスプレーで消毒している。

マレー川は、下流に行くに従って、蒸発残留物、特に塩化ナトリウムが増加している。最上流の取水地区モーガンでは、蒸発残留物が五七〇mg／Lと水質基準の上限値に近く、塩分低減の対策がとられた。塩の増加は、土

ホープバレー貯水池

壌表面からの溶解と河川流入、地下水による土壌や岩石からの溶解と河川流入によるためである。また、堰を建設したため、水圧の増加、地下水移動量の増加による川床の塩分の溶解も起きている。さらに、潅漑用水も地下水位を上昇させ、これも塩分濃度の高い地下水を河川に押し出している。このため、大規模な地下水汲上げ事業がモーガン上流の二つの地区ウールプンダとワイキーリーで行われている。川に沿って井戸を六六本設置し、塩濃度の高い地下水が河川に流れ込むのを遮断し、休みなく汲み上げている。揚水した塩濃度の高い地下水は、全長八五kmの配管で二〇km先の広さ約二・五km^2の蒸発池へ送り、蒸発と浸透によって処理している。荒れ地にある蒸発池は、四〇〇〇年間使用しても他への環境問題を発生しないと計算されている。

一九九一年夏にはマレー川へ合流するダーリング川の上流約一〇〇〇kmにわたり藍藻類が大発生した。雨が一二箇月間ほとんど降らず、アナベナなど毒性を持つ藻類の増殖で、川は悪臭を放ち、粘りのあるスカムが表流水を緑、青、黄、茶、白に変色させた。アナベナは、最大六〇万個/mL検出され、川の水を飲んだ野生動物や羊、牛など数千頭の家畜が死亡した。また、川の水を引いたプールで水遊びをした子供は、発疹、嘔吐、頭痛を起こした。藍藻類による毒物は、皮膚と目に刺激を与え胃腸炎と肝臓障害を起こす。煮沸では除去できず、ろ過だけでなく活性炭吸着も必要となる。水源となるオーストラリア大陸内部は、乾燥した地区のため特殊な状況にある。

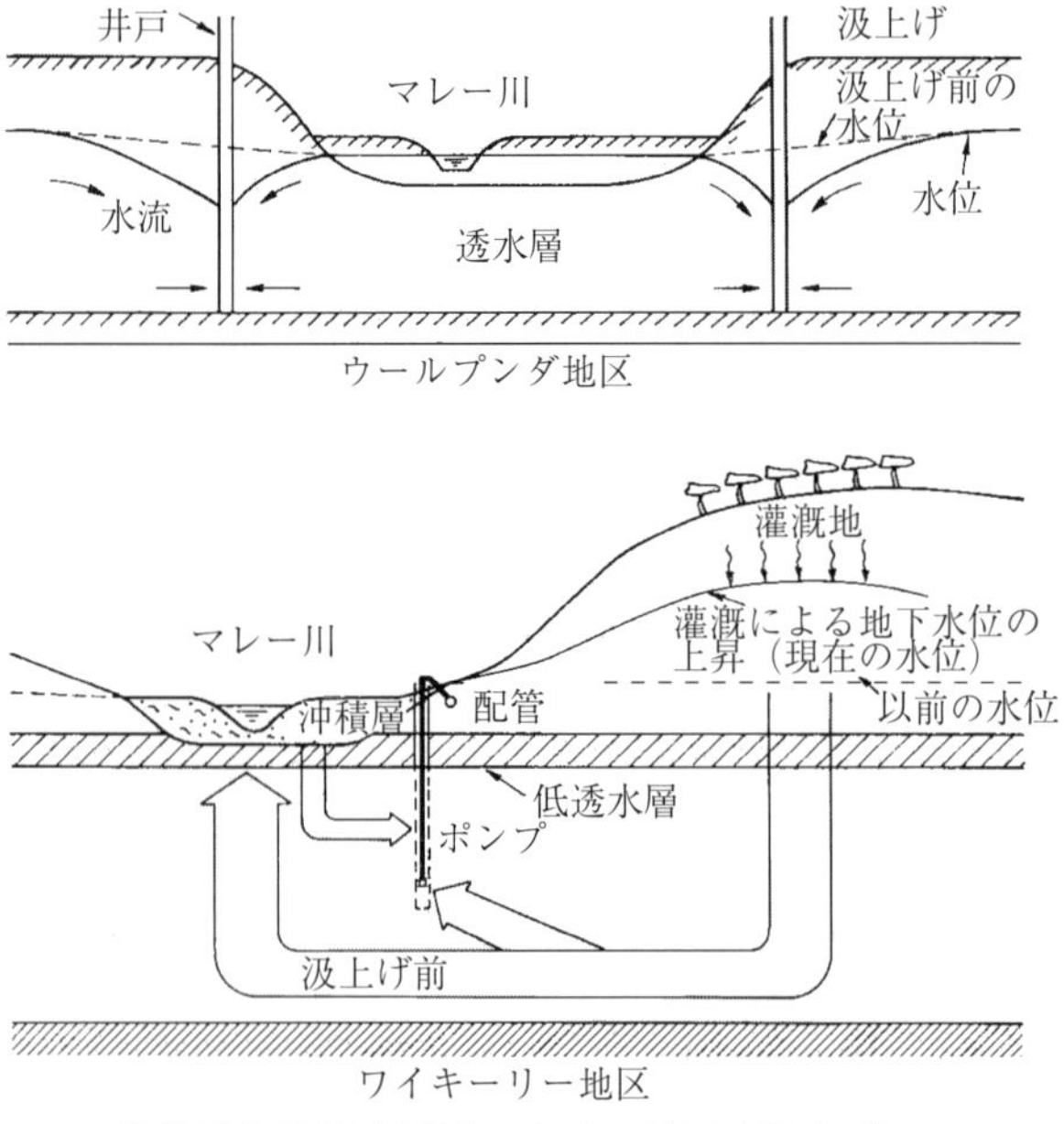

蒸発残留物濃度低減のための地下水汲上げ

七三 パース〈安定供給に重要な地下水〉

オーストラリア大陸の西側三分の一を占めるウェスタンオーストラリア州の首都パースは、インド洋に面した貿易港フリマントルとともに発達した。パースの水道は、水道公社が担当し、給水人口は、パース地区の一一〇万人と周辺の州地区の約四〇万人である。給水面積は、南北に長く一二〇〇km^{2}で、一部は農業地区マンデュラー、ゴールドフィールドへの給水も行っている。水道水源の約六〇％は河川の表流水を利用し、残りは地下水に依存している。

大きなダムや堰の表流水系は、塩素消毒とフッ素添加のみで市内の配水池へ送られる。全容量約一億九六七〇万m^{3}の大小七つの貯水池から自然流下で直接消費者へ供給している。主要のメインダムと水量の多い六～一一月のみ利用される小さなパイプヘッドダムは、配管に直接接続される。メインダム上部に位置するアッパーダムと、六～一一月にメインダムへ他の河川から水を送る小さなポンプバックダムもある。

地下水系は、水道水の安定供給のため発達させてきた重要な水源である。特に六～八月に集中した降雨は、森林地帯に吸収され、その一二％が地下水を涵養する。井戸の深さは、七〇、一五〇～二五〇、一〇〇〇mの三種類があり、深さ一〇〇〇m以上の地下水は、苛性ソーダでpH調整、塩素とフッ素添加のみで給水している。周辺にある湖の湿原環境は、地下水位と関係が深く、環境保全のために水バランスを考慮して各井戸の揚水量を割り当てている。

地下水系は、広大な地区から開放系の井戸と掘抜き井戸の地下水を四つの浄水場に送り処理している。一三本の掘抜き井戸からは、直接配水池へ送水している。ウォナルー系の地下水浄水場は、ピンジャー系も含めて夏季のピーク時には北部郊外の三万七五〇〇件の家庭に給水している。水源は、三三本の浅井戸と一一本の深井戸がある。集められた地下水は、曝気池に送られ、一二本の分岐管に設置された各九二個のノズルから約四mの高さ

地下水の曝気

にスプレー状に大気中へ吹き上げ、硫化水素と二酸化炭素を放出し、溶存酸素を取り込み、鉄イオンの酸化を促進させる。次に、塩素と凝集剤を添加し、コロイド状の酸化鉄を生成させ、濁度と色度成分をフロックに捕捉し、高分子凝集剤を添加してスラッジブランケット方式の高速凝集沈澱池、アンスラサイトと砂の二層ろ過を通し、塩素添加、pH調整後、浄水池に送られる。ミラブッカ系の処理も同様で、三三本の浅井戸と五本の深井戸があり、夏季は郊外の二万六〇〇〇件の家庭にも給水している。グウェラップ系は、一三本の浅井戸と五本の深井戸からの地下水を浄水場へ送り、夏季には郊外地区も含め二万五〇〇〇件の家庭に給水している。ジャンダコット系は、一五本の浅井戸と二本の深井戸で構成されている。夏季には、他の浄水と混合しトンプソン湖周辺とハミルトン・ヒル地区の一万八〇〇〇件の家庭に給水している。

水温の高い地下水ではアメーバ性の脳膜炎を起こす可能性がある。また、場所によっては、全蒸発残留物一二〇〇mg／L以上、亜硝酸イオンも二五mg／Lを超し、他の水で希釈し給水している。トリハロメタンの水質基準濃度は、二五〇μg／Lであるが、実際に給水している水道水中の濃度は、三〇μg／L以下となっている。

水道公社は、市民に小冊子で「水道は一五m以上の水圧で一日一軒九〇〇Lを送り、水道に関する問合せに直ちに回答する」ことを、会長と専務理事のサイン入りで約束している。

オーストラリアは、自然を大切にする社会を目指し、パースでは市民参加のもとで将来の水源と環境保全について検討している。公社ロビーには、教育週間、国際水道週間において作成された小学生の図工作品、ポスターが大切に展示されている。市民への環境教育については、「子どもが家庭で大人を教育するのが効果的」とのことである。真夏の街路樹一本一本に大きな給水タンクをのせたトラックからホースで水を与えている年配者の姿が印象的であった。

薬品タンクと沈澱池

(V) 記　録

ポン・デュ・ガールの水道橋．橋の下を歩いて歴史の正体を発見

シェーンバイン生誕200年記念式典．開会を宣言する国際オゾン協会のネフ氏

七四　ボトルウォーター〈一九八七年の国際オゾン会議に際して〉

雑誌、テレビなどで「おいしい水」、「名水」、「安全な水」の特集が多い。ヨーロッパにおけるボトルウォーターの状況を垣間見たので紹介してみる。

ヨーロッパで最もきれいな水に恵まれたスイスのチューリッヒで開催された国際オゾン会議に参加した。到着日、ホテルに荷物を置き、航空会社、関係事務所と街中を忙しく動き回った。九月中旬の夏の盛りで、日本より乾燥しており、喉が渇く。コーヒーショップで約二〇〇円のお金を出してボトルウォーターを注文し、水だけ飲む初めての体験をした。会議のコーヒーブレイクでもコーヒーの横に並べられ、小委員会では各人がコップとボトルをテーブルへ運び議題に入る。日本のように会議中にお茶を配る習慣がないためである。

市電トリムに乗って街を見て回った。要所に水飲み場があり、子供たちや散歩の人が口を潤している。しかし、どの食料品店でもジュースと並びボトルウォーターが置かれている。繁華街ステルネンのスーパーマーケットの地下食品売り場には、ガラスやプラスッチクの容器、一Lや二Lのサイズなど品数も多く、地下水、湧水を充填したボトルウォーターへの信頼感が強い。メモをとっている間にも、日本でパック入り牛乳が売れるように主婦が買って行く。一スイスフランを一〇〇円で換算すると、一Lが一〇〇円程度であり、市電は一六〇円程度である。安売りのコーラがボトルウォーターと競争している。

エヴィアンの水質は、カルシウム七八、マグネシウム二四、カリウム一、ナトリウム五、炭酸三五七、硫酸一〇、塩素二・二、硝酸三・八、フッ素〇・一二mg／Lである。

ヘニエッは、カルシウム一一四、マグネシウム一八・二、ナトリウム一〇・〇、カリウム一・一、ストロンチウム〇・二七、リチウム〇・〇八、鉄〇・〇〇五、マンガン〇・〇〇一、炭酸三六八・四、硝酸一三一、塩素一六、硫酸一八・八、フッ素〇・一、オルトーリン酸〇、ヨウ素〇・

チューリッヒ

パリ

〇一mg/Lとラベルに表示され、ストロンチウム、リチウムが含まれているのに驚く。

会議終了後、コンスタンス湖（ボーデン湖）シュプリンガーベルグ浄水場へのテクニカルツアーに参加した。西ドイツのオゾン研究者が案内役となり、水道水の試飲が行われ、記念のミニボトルウォーター「オゾン処理されたボーデン湖水、ドイツ製」二一〇mLが配布された。また、水道局の保養所で昼食時にテーブルに出されたのは、鉱泉水バート・デュレハイマーの〇・二五Lで、ナトリウム五・五、マグネシウム四五・九、カルシウム三四八、炭酸水素三七二・二、硫酸七三〇mg/Lの分析値と充填日、さらに分析担当の二名の博士名が明記され、日本の温泉の分析表と同じようである。

列車でパリへ向かう際の車窓から川を見ると、水量は少なく、洗剤による泡が目立つ。ソルボンヌ大学近くで、ボトルウォーター配達のトラックに出会う。日本の酒屋さんと同じように小さな食料品店へ毎日配達している。一フランスフランを二五円程度で換算すると、やはり一L一〇〇円程度となる。フランスではボトルウォーターが健康に良いとか、美容に良いとかの宣伝が行われ、各人好みの銘柄を決め、生活習慣の一部となっているようである。幼児への水は、当然ボトルウォーターである。フランス商工会議所によると、ほとんどの品種が日本へ輸出されている。確かデパートでフランスの水が一・五L二〇〇～二五〇円で売られており、日本産も一L一八〇円程度、育児用としても一L二六〇円で販売されていた。自然の水循環と全く異なり、飲料水の一部がボトルに充填され遠くから運ばれている。日本の飲料水も将来、主力はボトルウォーターになるのであろうか。ヨーロッパのように一L当り一〇〇円ならば町のスーパーでも売れるのであろうか。

今回の会議で、フランスの水会社がオゾン・生物活性炭による高度処理水の評価をエヴィアンと比較して発表していたのが印象的であった。日本でも浄水の高度処理技術の確立が急がれている。安全でおいしい水の給水が開始されることを望みたい。

「造水技術」(一九八九)

パリのボトルウォーター

evian	50 cL	2.8 FF
BABOIT	〃	3.6
Contrex	〃	2.8
Volvic	〃	2.8
Vittel	〃	2.8
Perrier	50 cL × 3	11.65
VICHY	1.25 L	6.45
evian	1.5 L	3.90
St-Yorre	1 L	4.95
Perrier	1 L	3.65
Volvic	1.5 L	3.90
Contrex	1.5 L	3.90
Vittel	1.5 L	3.90

cL：センチリットル

スイスのボトルウォーター

Valser	100 cL	0.90 SF
Perrier	〃	1.50
S. Pellegrino	〃	1.30
Vichy	〃	1.40
Henniez	〃	0.80
Henniez Lithine'e		0.80
Aqui		0.75
Eptinger		0.75
Cola light	1 L	1.00 安売
Phäzünser		0.65 安売
Evian Mognum		1.40
Contrexeville Mognum		1.25
St. Pellegrio	2 L	1.30
Passuger		0.90
Henniez Sant'e		0.65 安売

七五　チェルノブイリ原発事故〈浄水処理による放射能変化〉

一九八七年の九月、スイスで開催された第一〇回国際オゾン会議で再会したヨーロッパの水道関係者に各国放射能汚染の資料の送付を依頼した。二度と起こしてはならない事故ではあるが、水道関係の貴重な記録としてまとめる。

一九八六年四月二六日、チェルノブイリ上空へ吹き上げられた原子雲は北上し、西ヨーロッパを北側から汚染し始めた。この時、フランス上空の高気圧が北東へ移動し、原子雲の中心は押し戻された。数日後、ヨーロッパは、拡散した放射能により地中海側から再び汚染された。大気、土壌、雨水、牛乳、野菜、河川水など、五〇〇〇件以上の試料について放射能分析が行われ、逐次発表された。しかし、浄水場における放射能分析の連続データはほとんど残っていない。

チューリッヒ湖水も汚染され、放射性核種ヨウ素131、セシウム137が、それぞれ三・七、五・五Bq／L検出された。浄水場の最小検出量は、それぞれ〇・八四、〇・七Bq／Lで、飲料水への汚染は未然に防止できた。WHO飲料水ガイドライン値は一Bq／Lである。この浄水場は、核戦争が起きても安全な飲料水を確保できるような設備となっている。

チェルノブイルから一八〇〇km離れたベルギーの浄水場でも河川水の水道原水から二〇種、浄水から一〇種の放射性核種が確認された。薬品混和、凝集沈澱、砂ろ過、オゾンの浄水工程で、原水放射能の約四五％が除去され、一Bq／L以下の浄水となった。浄水からはヨウ素131、カリウム40、テルル132、モリブデン99、バリウム140、ヨウ素132、ランタン140、ルテニウム103、セシウム134、セシウム137が検出され、放射能の半分はヨウ素131であった。この浄水場の上流には、フランスの原子力発電所があり、冷却水水漏れ事故の監視のためルーチンで放射能の分析が行われている。五月一日から原水と浄水の放射能の変化を図に示す。五月五日から二〇日まで種々の核種につき平均

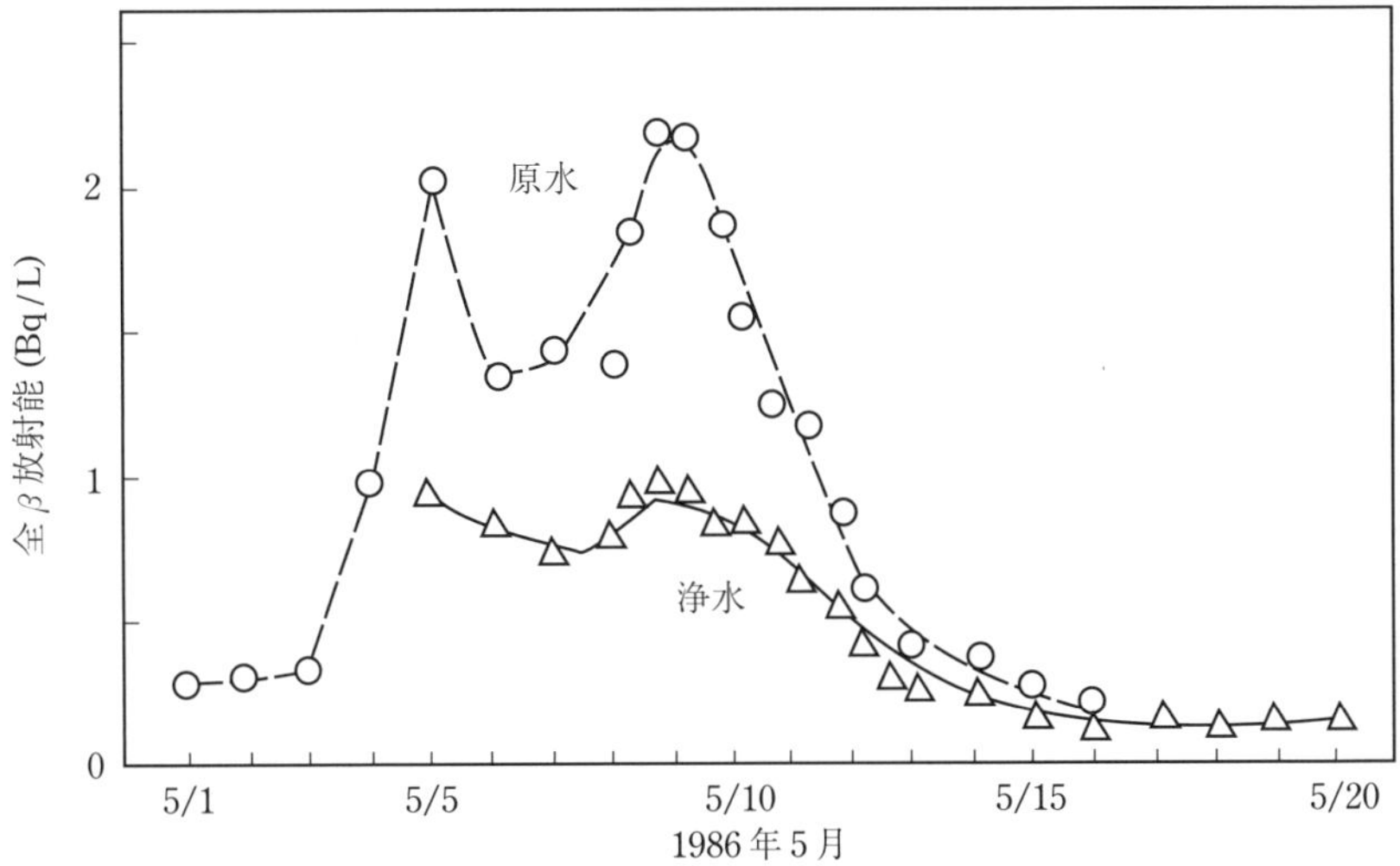

タイファー浄水場における放射能変化
［マシェラン（W. J. Masshelein）らの図より作成］

除去率二三％として計算したところ、給水された浄水中の放射能は、最大許容量の一〇～二〇％程度であった。

高気圧に助けられたパリの浄水場では、セーヌ川原水の放射能は〇・二Bq／L以下、ろ過水で〇・〇二Bq／L以下となった。飲料水最大許容量は、ヨウ素１３１、ストロンチウム９０のβ値が四〇〇Bq／Lと規定されており、問題とならなかった。

西ドイツの大きな浄水場では、正確な放射能分析を実施し、湖の深層水で希釈して浄水放射能を一Bq／L以下とした。谷川の水を利用している浄水場では、原水一～四Bq／Lを〇・〇五Bq／L以下の飲料水に、また他でも、原水二Bq／Lを五〇％以下の放射能にできた。浄水工程の薬剤添加、粉末活性炭添加、凝集沈澱、砂ろ過で放射性核種の約八〇％が除去された。浄水場のろ過層で検出される核種はルテニウム１０３を最高に、ルテニウム１０６、セシウム１３７、テルル１２９、セシウム１３４、ニオブ９５の順であった。

ヨーロッパの放射能による汚染状況は、一九八六年一一月にまとめられ、今後、五〇年にわたり人間が被爆する放射能は、自然から七万～一四万μSv、医療から二万一〇〇〇～三万五〇〇〇μSvに対して、チェルノブイリの事故汚染で〇・三～六一〇μSv増加する程度で、健康上問題は少ないと発表されている。ＥＣ一二箇国の汚染の強さは、ギリシャ、西ドイツ、イタリア、アイルランド、オランダ、ルクセンブルグ、デンマーク、ベルギー、フランス、イギリス、スペイン、ポルトガルの順である。

飲料水の放射能汚染は、濁り、色、臭い、味などのように五官で感知できず、迅速な分析と正確な情報が必要である。代表的な資料は、フランス、コンパニー・ジェネラル・デ・ゾーのシュルホフ氏、ドイツのキューン博士、スイス、チューリッヒのシャレカンプ博士、ベルギーのマシェラン博士より入手した。

「水質汚濁研究」（一九八九年）

七六　シェーンバイン生誕二〇〇年記念の国際シンポジウム

〈オゾンの化学史と各分野の研究動向〉

オゾンの発見者クリスチャン・フレンドリッヒ・シェーンバインの生誕二〇〇年を記念した祝典と国際シンポジウムが一九九九年一〇月にスイスのバーゼルで開催された。祝典は、約一五〇名の参加者でバーゼル国立歴史博物館の大講堂で開催された。講堂の壁全面に多くの偉人達の肖像画が飾られている。市長らの挨拶に続き、クルッツェン教授の「シェーンバインからオゾンホールまで：大気圏におけるオゾンの意義」と題した記念講演が行われた。その後、当時の実験器具などを見学し、博物館通路を利用して懇親会が催された。

シェーンバインは、南ドイツの小さな村の貧しい染物屋の八人兄弟の長男として一七九九年一〇月一八日に生まれた。学校を修了後、一三歳で現実的な化学者になろうと、徒弟見習いに出た。恵まれない環境下、化学の本によってフランス語、英語、ラテン語の基礎知識を習得し、薬品会社、化学工場、大学に出入りした。二五歳でロンドン近くの私塾で物理と化学の実験と理論を教える教職に就いた。その後、ファラデーの講義に出席したり、休暇の旅行を利用してジュマ、アンペアー、ゲイリュサックの講義にも出席した。一度も大学の試験を受けず、学位称号も受けていなかったにもかかわらず、二八歳でバーゼル大学から招聘を受け、一講義を担当することとなった。この大学での四〇年に及ぶ研究において、オゾンの発見以外に、ニトロセルロースやコロジオンの発明、燃料電池のパイオニアとして一九世紀の最も重要な化学者としての名声をものにした。大学では、彼の研究を評価し、その後、名誉博士号を贈っている。

大学における初期の研究は酸の金属に対する影響、電極での反応、イオン化傾向の理論をまとめている。また、検流計を「化学組成が変化せず分析では観察できない場合でも、その作用を調べることのできる化学の顕微鏡である」として積極的に用いている。

電気の放電により特別の臭気が生じることは、一七八五年にファン・マルムが「電気的な臭気」と記している。

基調講演をするモリナ教授

実験主義者で思索家のシェーンバインは、ボルタ電池で研究を繰り返し行い、ファラデーを含め多くの研究者が気の付かなかったこの臭気に注目した。一八三九年三月一三日、バーゼルの国立科学協会で「水の電気分解による陽極における臭気について」の講演を行い、この時彼が「臭う酸素」と呼んだのがオゾン誕生の瞬間である。翌年、この臭気は、電気的なプロセスで生じる物質の性質であることを示し、ギリシャ語の臭う「ＯＺＥＩＮ」から「オゾン」と名付けている。オゾンは、非常にわずかしか生成せず、分離もできず、後には酸素を光照射したり放電することによって生成させている。酸素は、金箔を帯電させないが、オゾンは、塩素や臭素と同様に陰極に帯電させる。オゾンの生成に常に酸素を必要とすることから、ハロゲンに似た性質を持つ酸素の変換物で、特別の形態であるとした。オゾンの検出法も開発し、大気オゾンの測定を開始した。酸素の研究は、結合酸素、遊離酸素、オゾン、活性酸素、触媒酸化、血液、ヘモグロビン、酵素、さらには消毒や肉の保存などへ進展した。

研究室のガラス器具で手を切り、動物実験の血液から炭疽病に感染し、一八六八年八月二九日に没し、バーゼルに埋葬されている。多くの科学者との約一五〇〇通の手紙、約三五〇の科学論文、報告書、書籍が彼の遺産として残されている。まさに化学に貢献した一生である。

国際オゾン協会が企画した記念のシンポジウムは、一九九五年に大気オゾンの生成と分解に関する業績により

クルッツェン教授と著者

ノーベル化学賞を授与されたドイツのクルッツェン教授、米国のモリナ教授、ローランド教授の三名を招き、ノバルティス社の講堂で二日間開催された。オゾンに関係した広い分野からの研究者が集まった一大イベントであった。

基調講演は、モリナ教授が「大気圏オゾンにおける人間活動の影響」と題して話された。その内容は、次のようなものであった。この数十年、人間活動により地球の大気圏に多種類の微量ガスが蓄積されたことには十分な証拠が存在する。一九七四年、大気中に放出されたクロロフルオロカーボン（CFCs）は、オゾンを触媒的に分解する塩素フリーラジカルを生成すると予測された。クロロフルオロカーボンが成層圏オゾンを消滅させることが研究室の実験、フィールドの分析、大気のモデル計算で明らかにされ、わずか一個の塩素原子が一万個のオゾンを分解し、その結果、極上空でのオゾンの分解がオゾンホールとなっている。グローバルなこの問題の解決のため、科学者、政策担当者、工業界の指導者、環境保護関係者らの協力が必要であるとまとめられた。

基調講演の後、各分野の著名な研究者によって次のような発表が行われた。

・大気圏におけるオゾンの研究の歴史
・スイスの大気オゾン研究の歴史
・グローバルな成層圏オゾンの変化
・オゾン層のモデル・北半球での見通し
・対流圏オゾン、化学と人間活動からの発生傾向
・大気オゾンと気象変化
・雲の中のオゾン酸化プロセス
・オゾンによる飲料水処理の発展
・工業的なオゾンの製造

・飲料水におけるオゾン消毒効果
・飲料水のオゾン処理と副生成物
・製紙排水の新酸化処理
・有機オゾン化学：基礎と合成ポテンシャル
・高純度化学薬品製造におけるオゾンの応用
・植物へのオゾンの影響
・健康リスクとしてのオゾン
・医学的アプローチとしてのオゾン治療

「オゾンによる飲料水処理の発展」は、米国のライス博士(**R. G. Rice**)の講演である。その内容は、次のようなものである。飲料水の処理にオゾンを用いる歴史は、一八八〇年代末に試験され、現在三〇〇〇以上の実プラントになっている。オゾンは、単独の最終消毒処理から水処理の各種化学酸化剤として利用が広がっている。一部酸化された有機物は、微生物で処理されやすくなり、微生物の付着した生物活性炭との併用が効果的となる。また、オゾンは、単独、あるいは紫外線照射、過酸化水素の併用により反応性の強いラジカルが生成し、水中有機物が酸化される。

国際オゾン協会の会長としても活躍したライス博士は、かつてヨーロッパにおける浄水のオゾン利用状況を米国環境保護局からの資金を得て訪問調査を行い、塩素一辺倒であった米国の浄水場にオゾン処理を持ち込んだ中心人物でもある。

シンポジウムのポスター発表は、成層圏、対流圏、紫外線、水処理・有機物・発生器、医療の分野の二五件であった。

大気の環境分野では、オゾン層に大きな穴が開き、地上への紫外線照射量が増加し、対流圏では、大気汚染によりオゾンが発生し、人体への健康影響、農作物への被害が心配され始めている。その一方、オゾン発生装置は、飲料水の処理、紙パルプの漂白、有機化学反応などへ応用され、医療分野にも新しい展開が見え始めている。電力のみで生成され、使用後に残留しないオゾンは、クリーンな酸化剤として今後広い分野で利用されると思われる。

なお、シェーンバッハ生誕二〇〇年を記念して、スイス郵便からは地球表面のオゾン層を描いた記念切手が発行された。

七七　ポン・デュ・ガールの土木工事

〈紀元前に建築されたアーチに沿って道路の建設〉

ローマ水道の歴史的な遺跡である水道橋は、各地に残され、中国における万里の長城に相当するローマ時代の巨大な地球上の建造物として、都市の発達に水道がいかに重要であったかを示している。フランスで最も有名な水道橋ポン・デュ・ガールは、南フランスにあり、バスで訪問できる。アヴィニオン駅前を出ると、視野角度で一四〇～五〇度に南フランスの丘陵地帯が広がり、約二五kmの所にガール川にかかるポン・デュ・ガールがある。ユゼスの泉の水をニームまで送るため、二つの山をつなぐ三層石造りの橋が紀元前一九年に建設された。高さは四九mである。ガール川をわたる一段目が六アーチで長さ一四二m、二段目が一一アーチで長さ二四二m、三段目が三五アーチで長さ二七五mである。送水能力二万m^3／日、長さ五〇kmで、一km当り三四cmの勾配でつくられている。教科書や旅行書には「一段目は道路としても使用」と記述されているが、実は後にフランスの土木工事により一段目の半分下流側に新しい石灰岩でレプリカのように六アーチの同じ橋が写真のように沿ってつくられていた。

さらに、一九九八年から橋の上流部を自然保護地区にし、橋への接近は下流部側だけからとし、歴史的な橋と周辺の生態系を保存する大規模な土木工事が行われている。石灰岩のガール川の流れは、速く、水の濁りも少ない。

ボン・デュ・ガールの水道橋

車の発達していない紀元前に水道橋と同等の道路が必要であるわけがない。情けないことに、こんな観光地でさえ、現地へ足を踏み入れ、橋の下を歩かないと気が付かないことが多い。石材とその風化度合いの違いで気付いた次第である。ポン・デュ・ガールを見渡す地区に一本古木があり、今年も手の届く所へ実を付けている。この木なら五〇年、いやもっと前に行われたかも知れな道路の工事状況を知っているであろう。観光バスの往来できる道路を周囲の自然景観を損なわずに建築した先人の知恵に頭が下がる。利便性の追求だけでなく、後世にどんな景観を残せるか、我々も学ばなくてはならない。

ボン・デュ・ガールの水道橋

参考資料

海外事情

1) 海賀信好：シンポジウム“オゾンとバイオロジー”に出席して；化学と工業，第37巻，第7号，pp.128，1984.7.
2) 海賀信好：ヨーロッパにおける最近の上水浄化；水道協会雑誌，第608号，Vol.54，No.5，pp.21-33，1985.5.
3) 海賀信好：北京の水；造水技術，Vol.11，No.4，pp.57-61，1985.
4) 海賀信好：開放政策後の中国水道事情；水道協会雑誌，第622号，Vol.55，No.7，pp.44-54，1986.7.
5) 海賀信好：第8回オゾン国際会議に参加して；化学と工業，第41巻，第1号，p.66，1988.1.
6) 海賀信好：チェルノブイリ原発事故による飲料水汚染；水質汚濁研究，Vol.12，No.2，p.64，1989.
7) 海賀信好：ボトルウオータ；造水技術，Vol.15，No.2，pp.37-38，1989.
8) 海賀信好：Wasser Berlin，IFATに参加して；造水技術，Vol.19，No.4，pp.44-48，1993.
9) 海賀信好：イタリア水道の現況；造水技術，Vol.20，No.4，pp.43-46，1994.
10) 海賀信好：イタリアの水道事情；水道協会雑誌，第723号，Vol.63，No.12，pp.32-44，1994.12.
11) 海賀信好・高橋龍太郎：Sobrante浄水場調査報告；造水技術，Vol.21，No.2，pp.36-38，1995.
12) 海賀信好：テームズウォータにおける21世紀への戦略；水道協会雑誌，第727号，Vol.64，No.4，pp.22-32，1995.4.
13) 海賀信好：世界の水，日本の水；SUT BULLETIN，1995年6月号，pp.34-39，東京理科大学出版会.
14) 海賀信好：アメリカにおけるオゾン処理の現状；水道協会雑誌，第733号，Vol.64，No.9，pp.49-58，1995.9.
15) 海賀信好：戦後50年，変貌する台湾の水道；水道協会雑誌，第736号，Vol.65，No.1，pp.30-38，1996.1.
16) 海賀信好：サンフランシスコ東湾岸地区上下水道；水処理技術，Vol.37，No.5，pp.39-42，1996.5.
17) 海賀信好：オランダ水道における技術開発動向；第14回オゾンに関する講習会講演要旨，pp.91-100，日本オゾン協会，1996.10.
18) 海賀信好：オランダの水道事情と技術開発動向；水道協会雑誌，第749号，Vol.66，No.2，pp.32-42，1997.2.
19) 海賀信好：オーストラリア5大都市の水道事情；水道協会雑誌，第758号，Vol.66，No.11，pp.37-48，1997.11.
20) 海賀信好：南イタリア・バーリ水道局の芸術品紹介；造水技術，Vol.23，No.4，pp.33-36，1997.
21) 海賀信好：大改造を行ったロンドンの水道システム；水道協会雑誌，第760号，Vol.67，No.1，pp.33-40，1998.1.
22) 海賀信好：英国アングリアンウォータ地区の水道事情；水道協会雑誌，第764号，Vol.67，No.5，pp.36-45，1998.5.
23) 海賀信好：オランダKIWAを訪問して；第14回水道サロン，(財)水道技術研究センター，1998.8.
24) 海賀信好：オランダKIWAのDr.Ir.D.van der Kooijの研究紹介；第168回水質問題研究会，国立公衆衛生院，1998.9.12.
25) 海賀信好：北欧の下水処理システムについて；学会誌EICA，Vol.3，No.2 ，pp.133-136，第7回EICA研究発表会，1998.9.
26) 海賀信好：100年後の下水道システムとは；明日の下水道，No.36，pp.56-57，(社)日本下水道施設業協会，1998.12.
27) 海賀信好：水環境を配慮した北欧首都の水道事情；水道協会雑誌，第774号，Vol.68，No.3，pp.23-33，1999.3.
28) 後藤圭司・海賀信好：公営企業の民営化；第1回公共設備技術士フォーラム，1999.3.23.
29) 海賀信好・久保貴恵：カナダ・モントリオールの浄水オゾン処理調査；第8回日本オゾン協会年次研究講演会講演集，pp.108-110，1999.3.
30) 海賀信好：北欧の下水処理システム；用水と廃水，Vol.41，No.3，pp.39-44，1999.3.
31) 海賀信好：地下水源を守るコペンハーゲンの水道；水道協会雑誌，第775号，Vol.68，No.4，pp.37-45，1999.4.
32) 海賀信好：オランダKIWAにおける配管中の微生物学的研究；水道協会雑誌，第778号，Vol.68，No.7，pp.44-52，1999.7.
33) 海賀信好：水環境を考慮した北欧都市の水道事情；第11回欧州水道技術視察調査連絡会，(財)水道技術研究センター，1999.9.2.
34) 海賀信好：オーストラリアの下水処理システム；水処理技術，Vol.40，No.9，pp.19-22，1999.9.
35) 海賀信好：エコワテック98とモスクワ水道事情；水道協会雑誌，第784号，Vol.69，No.1，pp.36-44，2000.1.
36) 海賀信好：世界の水資源と水処理技術；造水技術シンポジウム－水はいのち－，pp.27-38，造水促進センター，2000.2.17.
37) 海賀信好・馬場優子：モスクワ市のオゾン処理プラント調査報告；第9回日本オゾン協会年次研究講演会講演集，pp.1-3，2000.3.
38) 海賀信好：ポーランド・チェコ主要都市の水道事情　東欧水道事情(1)ワルシャワ，クラクフ，プラハ；水道協会雑誌，第788号，Vol.69，No.5，pp.46-54，2000.5.
39) 海賀信好：ドナウ川2大都市の水道事情　東欧水道事情(2)ブタペスト，ウィーン；水道協会雑誌，第789号，Vol.69，No.6，pp.22-31，2000.6.
40) 海賀信好・山登亮太：英国アングリアンウォータのオゾン処理調査報告；第10回日本オゾン協会年次研究講演会講演集，pp.35-38，2000.10.
41) 海賀信好：原虫対策に揺らぐカナダの水道；水道協会雑誌，第794号，Vol.69，No.11，pp.20-29，2000.11.
42) 海賀信好：イギリスの水道民営化によって導入された技術；用水と廃水，Vol.43，NO.6，pp.37-42，2001.6.
43) 海賀信好・中野壮一郎：フランス・マルセイユの浄水オゾン処理調査；第11回日本オゾン協会年次研究講演会講演集，pp.37-38，2001.6.
44) 藤原正弘・海賀信好：海外水道民営化事情；第37回水道サロン，(財)水道技術研究センター，2001.9.11.
45) 海賀信好：海外の水道；空気調和・衛生工学，Vol.76，No.3，pp.41-44，2002.3.
46) 海賀信好・村山清一：オゾン処理誕生のニース市浄水場調査報告；第12回日本オゾン協会年次研究講演会講演集，投稿中，2002.6.
47) 海賀信好：キューバの水事情；水処理技術，投稿中，2002.

オゾン，オゾン発生器，オゾン濃度

1) オゾン用語集；国際オゾン協会日本支部，1987.9.
2) オゾン安全基準；国際オゾン協会日本支部，1988.9.
3) 海賀信好：シェーンバイン生誕200年記念国際オゾンシンポジウムに参加して；日本医療・環境オゾン研究会会報，Vol.7，No.1，pp.7-9，2000.2.

4) 海賀信好：シェーンバインからオゾン・ホールまで；資源環境対策，Vol.36，No.11，pp.83-87，2000.
5) 海賀信好：オゾンの発見からオゾンホールまで；第187回水質問題研究会，国立公衆衛生院，2001.2.17.
6) 宗像善敬・海賀信好・松井茂雄：小型オゾン発生装置の実機への応用；環境創造，Vol.7，No.5，pp.43-46，1977.5.
7) 海賀信好・金丸公二・高瀬治：オゾン発生器とその利用；工業用水，No.344，pp.3-7，1987.5.
8) 難波敬典・海賀信好：オゾン発生機構と発生装置；オゾン利用水処理技術(宗宮功編)，pp.27-44，公害対策技術同友会，1989.
9) 海賀信好・高瀬治・藤堂洋子：水処理施設としてのオゾン発生器の改良；水質汚濁研究，第13巻，第10号，pp.647-653，1990.10.
10) 海賀信好・高瀬治・藤堂洋子：オゾン発生装置の腐食対策；第1回日本オゾン協会年次研究講演会講演集，pp.164-166，1992.3.
11) 海賀信好：オゾン発生装置ならびにオゾン濃度の測定；用水と廃水，Vol.34，No.4，pp.41-46，1992.4.
12) 海賀信好：オゾン分析法の基礎；新版オゾン利用の新技術，pp.153-182，三琇書房，1993.2.
13) 海賀信好：浄水場におけるオゾン濃度の測定；水道協会雑誌，第733号，Vol.64，No.10，pp.30-33，1995.10.
14) N.Kaiga，O.Takase，Y.Todo and I.Yamanashi：Corrosion Resistance of Ozone Generator Electrode；Ozone Science & Engineering，Vol.19，No.2，pp.169-178，International Ozone Association，1997.

蛍光分析

1) 海賀信好・佐藤譲・田口健二・手塚美彦・石井忠浩：けい光分析による水質監視制御；第5回環境システム自動計測制御国内ワークショップ論文集，pp.118-121，環境システム計測制御自動化研究会，1994.9.
2) 海賀信好・中野壮一郎・田口健二・手塚美彦・石井忠浩：高速液体クロマトグラフィーによる水の評価方法；水環境学会誌，第19巻，第1号，pp.33-39，1996.1.
3) 海賀信好・牧瀬竜太郎・田口健二：下水二次処理水のオゾン処理における運転制御方法；第33回下水道研究発表会講演集，pp.55-56，1996.7.
4) 海賀信好・中野壮一郎・手塚美彦・石井忠浩：水道水中の蛍光物質について；第4回衛生工学シンポジウム論文集，pp.248-252，北海道大学衛生工学会，1996.11.
5) N.Kaiga, S.Nakano, K.Taguchi, Y.Tezuka and T.Ishii：Effect of Ozonation on the Fluorescence Intensity of Tap Water；Proceedings of the 13th Ozone World Congress，Vol.1，pp145-149，International Ozone Association，Kyoto，1997.10.
6) 海賀信好・中野壮一郎・手塚美彦・石井忠浩：高速液体クロマトグラフィーによるフルボ酸関連物質の分析；学会誌EICA，Vol.3，No.1，pp.145-148，第7回EICA研究発表会，1998.9.
7) 海賀信好・中野壮一郎・手塚美彦・石井忠浩：蛍光分析法による水道水の評価；水環境学会誌，第22巻，第1号，pp.54-60，1999.1.
8) 海賀信好・中野壮一郎・手塚美彦・石井忠浩：高速液体クロマトグラフィーによる水道水の分析；水環境学会誌，第22巻，第1号，pp.61-66，1999.1.
9) N.Kaiga，S.Nakano，H.Tanaka，K.Tsunoda and T.Ishii：Evaluation of Water Purification Process by High-performance Liquid Chromatography，Proceedings of the International Ozone Symposium，pp.187-190，International Ozone Association，Basel，1999.10.21-22.
10) 海賀信好・石井忠浩：水処理における溶存有機物の分子量分画について；水処理技術，Vol.41，

No.2, pp.5-10, 2000.2.

11) 海賀信好・中野壮一郎・角田勝則・石井忠浩：蛍光強度測定による浄水工程の評価方法；第9回日本オゾン協会年次研究講演会講演集, pp.27-29, 2000.3.

12) 林巧・海賀信好・平本昭・伊藤健志：蛍光測定の水質監視制御システムへの応用；第51回全国水道研究発表会論文要旨集, pp.512-513, 2000.5.

13) N.Kaiga, S.Nakano, K.Tsunoda and T.Ishii：The Effect of Ozonation in Purification Treatment of Surface Water；Abstracts of 13th Scientific Seminar OZ-7, National Center for Scientific Research & International Ozone Association, Havana, 2000.6.27-30.

14) 海賀信好・林巧・田口健二・石井忠浩：浄水処理工程における蛍光分析の適用；第5回水道技術国際シンポジウム講演集, pp.279-282, 2000.11.

15) 海賀信好・中野壮一郎・林巧・石井忠浩：浄水処理工程における蛍光分析法の適用；水処理技術, Vol.42, No.4, pp.1-9, 2001.4.

16) 海賀信好・中野壮一郎・角田勝則・矢島博文・石井忠浩：蛍光検出高速液体クロマトグラフィーによる浄水処理工程の評価；用水と廃水, Vol.43, No.9, pp.17-24, 2001.9.

17) 海賀信好・角田勝則・石井忠浩：蛍光分析法を利用した環境水の水質評価－多摩川河川水を例として－；水処理技術, Vol.42, No.10, pp.7-12, 2001.10.

18) 海賀信好・高橋基之・石井忠浩：河川水中蛍光発現物質の光分解について；日本腐植物質研究会第17回講演会講演要旨集, pp.33-34, 2001.12.

19) 高橋基之・海賀信好・須藤隆一：蛍光分析法による河川水中溶存有機物と蛍光漂白剤の分離解析；第36回日本水環境学会年会講演集, p.346, 2002.3.

20) 海賀信好・高橋基之・須藤隆一：河川水中蛍光発現に関する蛍光増白剤の寄与；第53回全国水道研究発表会論文要旨集, 投稿中, 2002.5.

オゾンによる上水の高度処理

1) 海賀信好：水中の有機物に関する勉強会・オゾン処理の現状について；水質問題研究会, 国立公衆衛生院, 1984.7.14.

2) 海賀信好：し尿処理から上水の浄化へ；オゾンに関するセミナー講演要旨, pp.51-58, 国際オゾン協会日本支部 日本水道協会 造水促進センター, 1984.7.

3) 衛生常設調査委員会, オゾン処理調査専門委員会：オゾン処理調査報告書；水道協会雑誌, 第602号, Vol.53, No.11, pp.42-131. 1984.11.

4) N.Kaiga, K.Iyasu, M.Kaneko and T.Takechi：Ozonation for Odor-Control in Water Purification Plants；7th Ozone World Congress, pp.264-270, International Ozone Association, Tokyo, 1985.9.

5) 海賀信好他：オゾン処理特集；造水技術, Vol.12, No.1, pp.11-31, 1986.

6) 海賀信好：オゾン処理の効果について；水質問題研究会, 国立公衆衛生院, 1986.3.

7) N.Kaiga：Beijing Water Supply Company Introduced Ozonation；Ozone News, Vol.14, No.6, pp.8-9, International Ozone Association, 1986.

8) 海賀信好：オゾン処理と生物活性炭；オゾンに関する講習会, pp.69-77, 国際オゾン協会日本支部, 1986.9.

9) 山口勝幸・常泉裕・内藤茂三・海賀信好・林芳郎・石橋多聞：座談会「オゾン処理の展望」；造水技術, Vol.13, No.2, pp.1-13, 1987.1.

10) N.Kaiga, T.Ishii and Y.Magara：Removal of Total Organic Carbon by Ozone and Biological Activated Carbon, Proceeding of the Ninth Ozone World Congress, Ozone in Water Treatment, Vol.1, pp.148-157, International Ozone Association, New York, 1989.6.

11) 鈴木静夫・眞柄泰基・海賀信好・石川勝廣・西島衛：オゾン・生物活性炭による高度浄水処理；

第7回アジア太平洋地域会議論文集、pp.310-315，国際水道協会，1989.10.
12) 海賀信好・石井忠浩・眞柄泰基：オゾンと生物活性炭による有機物の除去特性；水道協会雑誌，第666号，Vol.59，No.3，pp.13-19，1990.3.
13) 海賀信好：オゾンによる水処理の特性；水質汚濁研究，Vol.13，No.12，pp.8-12，1990.12.
14) 海賀信好・石川勝廣・西島衛・鈴木静夫・眞柄泰基：オゾンと生物活性炭による高度浄水処理プラント実験；水道協会雑誌，第681号，Vol.60，No.6，pp.2-11，1991.6.
15) 鈴木潤三・青木美佳・鈴木静夫・海賀信好：生物活性炭の有機物除去能に及ぼすリンの影響；水環境学会誌，Vol.15，No.1，pp.45-51，1992.1.
16) 海賀信好・田口健二・橋本賢：オゾン処理における2-メチルイソボルネオールの分析；水処理技術，Vol.34，No.3，pp.13-18，1993.3.
17) 藤田賢二・川西敏雄・小島良三・堀部千昭・海賀信好・内田駿一郎：座談会「水処理技術の動向(その１．上水)」；造水技術，Vol.20，No.2，pp.1-17，1994.
18) 海賀信好：オゾン・活性炭による水処理技術の適用，浄水高度処理(2)；「オゾン・活性炭による最近の水処理技術の動向」資料集，pp.37-42，日本水環境学会関西支部講習会，1994.3.4.
19) 海賀信好・石井忠浩・眞柄泰基：オゾン，生物活性炭による有機物の除去；第3回日本オゾン協会年次研究講演会講演集，pp.12-14，1994.3.
20) 海賀信好・石川勝廣・竹村稔・眞柄泰基：オゾンと生物活性炭による高度浄水処理プラント実験；第4回日本オゾン協会年次研究講演会講演集，pp.159-161，1995.3
21) 海賀信好：オゾンと生物活性炭による高度浄水処理；第1回飲用水水質管理及処理技術検討会論文集，pp.3-1-11，行政院環境保護署，台北，1995.4.
22) 海賀信好：高度浄水処理へのオゾン利用とオゾン発生装置；電気学会研究会資料，公共施設研究会PPE-94-1-5，pp.11-20，電気学会，1994.6.22.
23) 海賀信好・金丸公二・中野壮一郎：オゾンを応用した高度浄水処理の動向；月刊PPM，Vol.26，No.12，pp.36-45，1995.12.
24) 海賀信好・中野壮一郎・田口健二：オゾンと生物活性炭による高度浄水処理；水処理技術，Vol.37，No.1，pp.25-33，1996.1.
25) 海賀信好：講座 オゾン水生成装置とオゾン水による微生物制御 8，オゾン及び生物活性炭による高度浄水処理効果とその評価；防菌防黴，Vol.27，No.3，pp.193-200，日本防菌防黴学会，1999.
26) 海賀信好：社会インフラストラクチャにおける水処理の役割－現場の視点から－：水の惑星に住む，pp.173-208，東京理科大学特別教室，2001.3.

オゾンによる下水の高度処理

1) 海賀信好：色の科学教室（上）色とはなにか；公害と対策，Vol.18，No.11，pp.83-87，1982.11.
2) 海賀信好：色の科学教室（下）なぜオゾンで脱色できるのか；公害と対策，Vol.18，No.12，pp.69-72，1982.12.
3) N.Kaiga，H.Kashiwabara，O.Takase and S.Suzuki：Use of Ozone in Night Soil Treatment Process；Ozone Science and Engineering，Vol.6，pp.185-195，1984.
4) T.Ohta，T.Honda，K.Ohhara，S.Suzuki and N.Kaiga：Formation of Mutagens from Digested Night-Siol Effluent by Photochemical Reaction；Environmental Pollution，series A-36，p.251，1984.
5) 海賀信好：し尿処理から上水の浄化へ；造水技術，Vol.11，No.3，pp.46-48，1985.
6) 海賀信好・居安巨太郎・関敏昭：し尿処理水のオゾン酸化とその安全性；下水道協会誌，Vol.23，No.261，pp.23-30，1986.2.
7) 海賀信好・三好康彦：脱色技術の方法と問題点；公害と対策，Vol.27，No.8，pp.11-18，1991.7.

8) N.Kaiga：The Metropolice of Tokyo Ozonation Introdced For Advanced Wastewater Treatment System：Ozone News, Vol.20, No.1, pp.22-23, International Ozone Association, 1991.
9) 中野壮一郎・海賀信好：オゾンを活用した下排水処理について；月刊PPM, Vol.25, No.12, pp.37-42, 1994.12.
10) 海賀信好・篠原哲也：水処理技術「下水・中水処理」；電気設備学会誌, Vol.15, No.11, pp.84-89, 1995.11.
11) 海賀信好：染色含有排水における脱色技術の動向；水環境学会誌, Vol.20, No.4, pp.218-223, 1997.4.
12) 高見徹・丸山俊郎・鈴木祥広・三浦昭雄・海賀信好：ノリの生育に対するオゾン殺菌都市下水処理水の影響評価；第7回日本オゾン協会年次研究講演会講演集, pp.13-16, 1998.3.
13) 高見徹・丸山俊郎・鈴木祥広・海賀信好・三浦昭雄：海藻(スサビノリ殻胞子)を用いた生物検定による都市下水の塩素代替消毒処理水の毒性比較；水環境学会誌, Vol.21, No.11, pp.711-718, 1998.11.

その他

1) 関敏昭・海賀信好：オゾン・光照射による硫化水素の酸化；悪臭の研究, Vol.6, No.27, pp.37-41, 1977.
2) 海賀信好・居安巨太郎・栢原弘：水道用原水の異臭測定法；悪臭の研究, Vol.12, No.54, pp.1-6, 1983.
3) 海賀信好・関敏昭・居安巨太郎：冷却水系におけるオゾン処理：工業用水, No.335, pp.45-50, 1986.8.
4) 海賀信好・藤堂洋子：オゾンの利用, 水処理を中心として(II)；空気調和・衛生工学, 第62巻, 第8号, pp.33-39, 1988.8.
5) 海賀信好・金子政雄：オゾンによる脱臭法の実際；オゾン利用の理論と実際, pp.103-162, リアライズ社, 1988.2.
6) N.Kaiga, T.Seki and K.Iyasu：Ozone Treatment in Cooling Water System；Ozone Science & Engineering, Vol.11, pp.325-338, International Ozone Association, 1989.
7) N.Kaiga：Ozone Treatment in Cooling Water Systems：Proceedings of the First Australasian Conference of the International Ozone Association & Sydney University Chemical Engineering Association, Vol.II, pp.156-164, 1996.2.15.
8) 海賀信好：高濃度オゾン水による給水配管の洗浄；設備と管理, 1992年8月号, pp.39-44, オーム社.
9) 海賀信好：高濃度オゾン水による給水配管の洗浄；平成4年度オゾンに関する講習会講演要旨, pp.81-99, 日本オゾン協会, 1992.9.
10) N.Kaiga：Pipe Cleaning in Buildings with Concentrated Ozone Solution；Ozonews, Vol.21, No.4, p.30, International Ozone Association, 1993.
11) 海賀信好：オゾンと紫外線による脱臭、殺菌について；食品加工技術, Vol.19, No.3, pp.33-35, 日本食品機械研究会, 1999.
12) 海賀信好：講座 オゾン脱臭について；日本医療・環境オゾン研究会会報, Vol.7, No.2, pp.6-7, 2000.5.
13) 海賀信好：オゾン殺菌で注意したいこと；日本医療・環境オゾン研究会会報, Vol.8, No.1, pp.17-18, 2001.2.
14) H.Fujita, K.Masudate, R.Hasebe and N.Kaiga：Ozonation for Improving the Feed Value of Wheat Straw；Proceedings of the 13th Ozone World Congress, Vol.1, pp.443-447, International Ozone Association, Kyoto, 1997.10.

15) M.Takahashi and N.Kaiga：Chlorine-free Ozone Bleaching of Textile Fabrics Ozone Bleaching of Cotton Fabrics，Proceedings of the 13th Ozone World Congress，Vol.1，pp.457-462，International Ozone Association，Kyoto，1997.10.

16) 水質問題研究会訳：飲料水中の各種化学物質の健康影響評価；健康に関する勧告集，日本水道協会，1988.3.31.

14) 水質問題研究会訳：WHO 飲料水水質ガイドライン(第2巻)；健康クライテリアと関連情報，日本水道協会，1999.5.18.

あとがき

日本の近代水道は、英国からの技術導入でその歴史が始まり、各種の災害を受けながらも都市を発展させ、高度成長期を経過して、拡張と更新により各都市で誕生一〇〇年を祝うに至っている。かつて動物が水辺に集まって水を飲んでいた姿から、人間だけが独立した水道システムを構築し、都市においては蜘蛛の巣のように管理した配水管網のもとで生活をおくっている。この社会基盤としての水道システムは、将来にわたって人間生活には欠かすことができない。しかしながら現在、給水人口は飽和状態、水消費量は頭打ち状態にあり、一方で、環境、共生の視点が重視される時代を迎え、持続可能な社会を目指した省エネルギー、ゼロエミッションなどの水道事業に、さらには経営改革も問われる状況になっている。

日本の水道設備も、建設の時代から更新と維持管理の時代となった。戦後、右肩上がりの水道計画により、多くの浄水場が緩速ろ過から米国方式の急速ろ過へ転換し、給水配管の延長、給水量の増加によって市民生活の利便性を向上させた。水道の発展は、確かに、都市の衛生環境を維持し、水系経口感染症患者を減らし、消防にも役立ってきた。その一方では、自然の水環境、生態系を壊し、使用後の排水量も増やして自ら水道水源を汚染させてきた。下水道設備の遅れも重なり、河川水ではアンモニア性窒素の増加、湖沼水では富栄養化を招き、さら質問題を経験してきた。近年、水道水質基準の大幅な見直し、基準項目の増加などの水道法の改正、そして国内にも高度浄水処理としてオゾンと生物活性炭、直接ろ過の膜など新しい処理技術が導入されている。しかしながら、長い水道の歴史の上では、取水、浄水、給配水の全体を通しては、まだまだ過渡的な水道システムと考えられてならない。

ヨーロッパの水不足地域では、長期間にわたり、水源を求めて水道事業の広域化、統合化を行い、水の安定供給を図っている。水道関連の情報は、国によっては防衛上の機密扱いとなり、ドイツでも全貌は公開していない。しかし、水源を多様化し、安全でコストが一番安く、環境を配慮した浄水方法と給配水方法を選択して運転していることは確かである。水資源は、石油のように輸送しなくても自然に循環しており、最も効率の良い安全な浄化給水システムは、やはり海からの蒸発と自然浄化の流れを中心として構築したものとなる。日本は、降水量が多くとも急峻な地形のため、水は貯えられず、濁流として海に流れてしまう。そのうえ、地震、台風などの自然災害がたびたび起こる。この点を除けば、水道を取り巻く状況は、海外と同じである。水道の先進国ヨーロッパに、広域化、上下水道部門の統合、環境対策、民営化などの先例を見ることができる。

今日、地球が有限の環境であることは明確である。大気、水、土壌、食品を含め、廃棄物、水環境と水循環、環境保全と保護、さらに騒音、振動、景観など、身近な環境問題に対する知識を持ち、市民全員が社会活動に参加することが大切である。地球上の自然の水循環は、海洋からの蒸発、雲からの降雨、山から川・湖沼へ、土壌から地下水へ、地下から湧水へ、川から海へ、と移動している。現在の上水道システムは、自然の水循環から取水し、浄化し、給水し、家庭・工場で使用後、下水道システムへ送られ、下水処理場で浄化され、公共水域へ処理水として放流する人工の水循環である。

大都市では、再開発が盛んに行われている。水道システムも再構築の時期である。次世代に引き継ぐ水環境、生物との共生、景観などを十分に配慮した水道システムの構築に向け、水源保全、水源地区への一般人の立入禁止、流域の保全、雨水の利用、環境教育、廃棄物処理、市民による環境保全と監視、「市民の、市民による、市民のための水道」が必要になる。水道水とボトル水を別々に供給する方式もあるが、一般市民には水質の劣る配管で、金持ちにはボトルで、となっては困る。また、水道システムは、平和で安定した社会でなければ存在できないことはいうまでもない。

著者が日本という水の豊富な国において生活してきたにもかかわらず海外の水道に興味を抱いたのは、初めての海外出張であった。東京で国際オゾン会議が開催される前年の一九八四年にレンヌで開催された国際オゾン協会ヨーロッパ支部のシンポジウム「オゾンとバイオロジー」に参加する途中、スイス、ベルギー、ドイツ、フランスの代表的な浄水場を一人で訪問する機会を得た。日本とは異なり、それぞれの浄水場では、直面した水質問題に対して各種の水処理工程を独自に組み合わせ運転を行わなければならない状況にあった。世界の水道界を揺るがした、化学物質による原水の汚染、塩素処理から生成するトリハロメタン類の発見などに対して、微生物、オゾン、活性炭などを巧みに利用し始めた時期である。その後、国際会議、技術指導、招聘、シンポジウム、国際展示会、説明会などの海外出張に際しては、必ず数箇所の浄水場を訪問し調査を行ってきた。帰国後、銭湯にゆっくりとつかり、ローマクラブの「成長の限界」、カーソン女史の「沈黙の春」など、人口、資源、エネルギー、残留農薬などの問題に思い巡らしてきた。多分、東京に住み、子供の頃から水道の臭味変化を感じて生活し、本能的に違和感を覚えて調べ始めていたのかもしれない。

内容の一部は、海外の水道事情として、日本水道新聞『水質と戦う世界の水道』のシリーズとして掲載した。本書は、世界六三都市の水道事業体の抱えている水質問題と対応策について写真を含めてまとめた。また、水道に興味を持つ一般の読者の方々にも理解されるようにも配慮したつもりである。編成の指導をしていただいた技報堂出版の小巻慎氏に改めて感謝したい。

本書の執筆と出版への挑戦を促していただいた国際連合大学副学長の鈴木基之先生、日本と欧米の浄水システムの違いについて時間を掛け議論させていただいた株式会社日水コンの小島貞男先生に厚く感謝の意を表します。なお、大学院時代に「これからは技術者が鞄一つで世界を回る時代が来る」とご指導いただいた故半田隆先生、ヨーロッパの水道関係者へご紹介いただいた元国際水道協会会長・国際オゾン協会会長の故石橋多門先生、株式会社東芝にて海外事情に目を向けさせていただいた上司の加藤峻行氏との出会いがなければ、また、世界的なチャンネルを持った企業に在籍していなければ、一人で調査してもこれほどの資料は収集できなかった。水質に関連し勉強させていただいた大学、水道局、研究機関の多くの関係者各位に、また、「本を出すことは、自分の考えをまとめて世に問うことであり真剣になる。やるべきです」と励ましていただいた建築家・日本景観学会会長の黒川紀章氏に深く御礼申し上げます。そして、海外出張時にも家庭をしっかり守ってくれた妻美恵子の協力がなければ、本書の完成は見られず、最後に感謝して筆を置きたい。

二〇〇二年三月

著　者